Photoshop
設計不設限

序
Preface

本書內容包含有影像處理、視覺創作以及眾多平面設計的相關實務應用範例。為了使初學者能由淺入深的瞭解Photoshop，本書透過精采範例來學習到不同的編輯技巧，教學內容通俗易懂，並隨書附贈完整的教學範例與圖形素材，方便讀者在學習時的操作練習與使用。學習完本書課程後，相信您一定可以輕鬆駕御Photoshop，隨心所欲製作出令人讚賞的佳作來！以下是各個章節的內容簡介：

Chapter 01 認識Photoshop

「工欲善其事，必先利其器」，一個出色的包裝設計離不開設計者富有創意的構思和完美的藝術表現手法，當然也離不開一個優秀設計軟體的輔助。在視覺設計領域擁有絕對市場佔有率的Adobe Photoshop，更勝一籌的強大設計功能必將使您的設計理念得到最真實的展現。

Chapter 02 藝術創意設計

本章為藝術創意設計，本例的特效呈現猶如萬花筒般絢麗融合的奇妙景象。主要運用濾鏡，結合了漸層工具和圖層樣式的使用。

Chapter 03 影像處理

本章將一般的拍攝照片透過色版改頭換面為白雪茫茫的世界，保留主體人物顏色，將其調整色調與整個白雪世界相融合，最後用筆刷製作的雪花散落在整個畫面，冬天童話意境不言而喻。

Chapter 04 數位編修

本章的原始素材圖片比較柔和，所以先將淺綠色透過選取顏色調整為黃褐色，再增加顏色層次，將整體色調調整均勻以後，再盡量將亮部增強亮度，柔和過渡，最後把整體色調進行統一創作出不同的視覺效果。

Chapter 05 藝術字設計

本章藝術標題文字充分展現了狂歡音樂祭的廣告主題，讓年輕一族看到這個宣傳媒體就產生想參加這個派對的念頭。

Chapter 06 網頁設計

本範例製作的是潛水工具商店的網站頁面，以大海的顏色——藍色為主題，展示潛水運動的相關產品與資訊。

Chapter 07 實物寫真

此範例是為甜橙水果嘉年華所做的宣傳廣告。背景主題採用晶瑩剔透的甜橙表面，讓人無法抗拒它的美妙滋味。主題文字採用清爽的透明玻璃質感，透露著水果的消暑清涼口感，達到了極佳的宣傳效果。

Chapter 08 明信片

本章節規劃的是一款明信片設計，畫面色彩簡潔劃一，具有渾厚的古典特色。構圖講究虛實與留白，視覺效果古樸而悠遠。二者相結合，完美的烘托出主題。從中取得了良好的風景區宣傳效果。

Chapter 09 電玩特效處理

本範例主要練習結合各種濾鏡及特效的應用，製作出精彩的電玩視覺特效。內容主要為建立一個天空的光影特效背景，將電玩角色襯托的更為酷炫。

Chapter 10 展板製作

本章節為街舞大賽展板製作，文案內容簡單明瞭，色彩鮮艷富有視覺衝擊力，展現了街舞大賽的火熱與勁爆感覺。

Chapter 11 雜誌插頁廣告

青翠怡人的草地，悠然飄動的雲彩，屹立於天地之間永恆的古化石，一切都給人祥和、平靜的感覺，彷彿置身於大自然的懷抱，怡然自在。該範例為一則房地產開發商的宣傳插頁廣告，構圖簡潔大方、色彩平和，讓人心曠神怡。

Chapter 12 活動型錄設計

本範例為一個慶典活動而設計的宣傳型錄，畫面中醒目的時尚慶典開幕式幾個字體現了這個型錄的主題，而其豐富的色彩表達了一種歡樂的氣氛，並以慶祝的酒杯為設計元素更增強主題印象，讓人一看就能預先想像到開幕式當天的歡慶場面。

Chapter 13 戶外廣告燈箱設計

本章是為NANA品牌設計製作的戶外廣告，既有戶外廣告的宣傳功能，整個視覺畫面又活潑美觀，很具有時尚感。接下來就以此戶外廣告的設計製作為各位讀者做詳細實務操作介紹。

Chapter 14 POP吊旗設計

本章為商場廣告吊旗製作，運用誇張的表現手法與明快的色彩，製作新品眼鏡發佈的宣傳廣告媒介，在設計風格方面追求簡潔，突顯主體的視覺效果。

Chapter 15 海報設計

本章香水海報設計讓人物置身於浪漫的森林深處，陽光、火焰光將人物色調改變，再添加發紅光的花瓣筆刷，讓整個場景更加繽紛熱烈。

Chapter 16 包裝設計

本章製作的是一款電玩遊戲包裝外盒。為了突顯出遊戲軟體富想像的科幻空間與激烈的戰鬥場面，其圖像視覺衝擊力需特別強烈。象徵未來世代的飛船、飛碟、迷幻的星空，圖像色彩鮮艷，充滿視覺動感。標題文字粗曠原始，將本款遊戲的味道充份表現出來，是一個不錯的包裝設計！

01

認識 Photoshop

1-1 工具箱...1-2

1-2 面板介紹...1-5

02

藝術創意設計

2-1 底圖的製作 2-4

2-2 文字的製作 2-10

03

影像處理

3-1 色版的運用 3-4

3-2 單獨對人物進行色調處理...................................3-8

3-3 增加雪景意境...3-12

04

數位編修

4-1 去除淺綠色 4-4

4-2 增加圖像顏色層次...4-6

4-3 增加暗角...4-9

4-4 增加暗角讓亮部再柔和一些 4-12

4-5 加強色調的統一 4-16

05

藝術字設計

5-1 背景的製作 5-4

5-2 文字的製作 5-15

5-3 人物的製作 5-21

5-4 心的製作 5-32

06

網頁設計

6-1 背景的製作 6-4

6-2 網頁的製作 6-25

07

實物寫真

7-1 背景的製作 7-4

7-2 甜橙的繪製 7-9

7-3 甜橙的橫切面繪製 7-24

7-4 橙葉的繪製 7-34

08

明信片

8-1　背景的繪製 8-4

8-2　古典建築物圖像的處理 8-8

8-3　舊圖片網底的處理 8-21

8-4　剪輯文字的繪製 8-29

8-5　主題文字的製作 8-33

09

電玩特效處理

9-1　背景的繪製 9-4

9-2　前景人物的融入 9-24

10

展板製作

10-1　人物的製作 10-4

10-2　光芒的製作 10-8

10-3　發光顆粒的製作 10-11

10-4　煙霧效果的製作 10-14

10-5　最後的修飾 10-15

11

雜誌插頁廣告

11-1 背景的繪製 11-4

11-2 石頭的繪製 11-12

11-3 人物的繪製 11-14

11-4 文字的製作 11-21

12

活動型錄設計

12-1 背景的製作 12-4

12-2 圖案的製作 12-6

12-3 石頭的繪製 12-12

12-4 文字的製作 12-17

12-5 酒杯案紋的製作 12-23

13

戶外廣告燈箱設計

13-1 向量圖的繪製 13-4

13-2 包包的製作 13-9

14

POP 吊旗設計

14-1 背景的製作 14-4

14-2 人物的製作 14-12

14-3 文字的製作 14-21

15

海報設計

15-1 叢林圖像的合成 15-4

15-2 人物的修飾 15-10

15-3 載入筆刷的應用 15-19

15-4 定義筆刷的應用 15-22

16

包裝設計

16-1 包裝的正面設計 16-4

16-2 包裝其他面的製作 16-39

01 認識 Photoshop

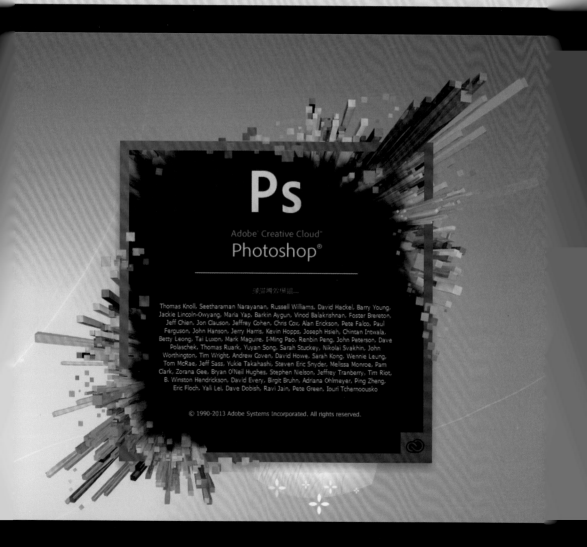

「工欲善其事，必先利其器」，一個出色的包裝設計離不開設計者富有創意的構思和完美的藝術表現手法，當然也離不開一個優秀設計軟體的輔助。在視覺設計領域擁有絕對市場佔有率的 Adobe Photoshop 推出了最新版本，更勝一籌的強大設計功能必將使您的設計理念得到最真實的展現。下面我們來認識一下 Photoshop 常用的工具箱與面板：

1-1 工具箱

工具箱包含了 Photoshop 常用的工具，當游標移動到某一工具上時，它就會顯示為彩色。

TIPS ▶

這裡之所以設定色彩模式為 RGB 色彩，是因為濾鏡選項中的紋理效果在 CMYK 色彩模式下會顯示為灰色，即不可使用。當色彩模式為 RGB 色彩時，所有濾鏡子效果均會以黑色顯示，即都可使用。

當在 CMYK 色彩模式下，筆觸、紋理、素描、藝術風以及視訊效果等濾鏡效果為不可使用。

選框工具組 	用於在影像中建立選區。將游標移動到影像中，按住滑鼠左鍵並拖動，即可建立選區。
套索工具組 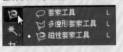	在影像中建立不規則的選區。
切片工具組 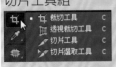	用於切割優化影像，便於影像在網路中的應用。在網頁製作中，為了使網頁中的圖片可以快速地下載並顯示，便可以借助切片工具，將一個較大的圖形分割成多個小圖形，然後在網頁編排軟體中將它們組合起來，形成完整的影像。

修補工具組 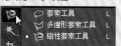	主要用於影像局部效果的修補及在選區中填充圖案。
筆刷工具組 	透過選取不同的畫筆類型,繪製需要的圖案。
圖章工具組 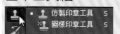	用於複製影像到指定的位置。
歷史記錄畫筆工具組 	主要用於擦除對影像應用的編輯效果。
橡皮擦工具組 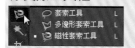	用於擦除影像中不需要的部分。選取橡皮擦工具後,將游標移動到需要擦除的位置,點擊滑鼠左鍵即可。
漸層工具組 	用於在影像中填入層次變化的顏色。
塗抹工具組 	可使影像產生模糊、清晰或水彩化的效果。移動游標到需要添加效果的影像區域,按住滑鼠左鍵進行拖動即可。
減淡工具組 	用於改變影像的曝光度和顏色濃度。移動游標到需要進行處理的影像區域,按住滑鼠左鍵進行拖動即可。
選擇工具組 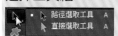	用於移動和調整路徑。按住 <Alt> 的同時移動路徑,可以複製一個新的路徑。

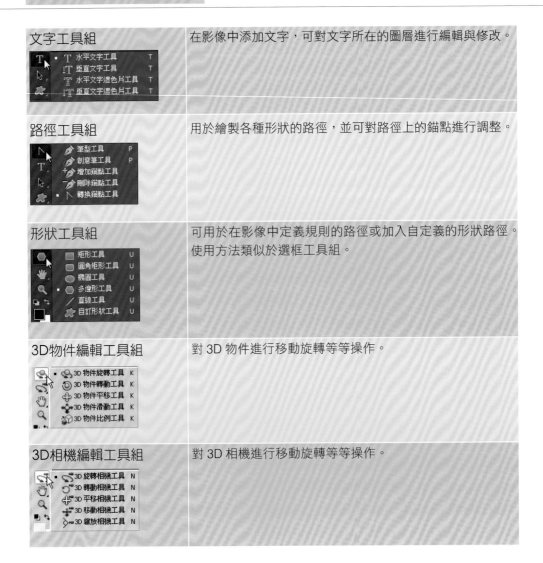

文字工具組	在影像中添加文字，可對文字所在的圖層進行編輯與修改。
路徑工具組	用於繪製各種形狀的路徑，並可對路徑上的錨點進行調整。
形狀工具組	可用於在影像中定義規則的路徑或加入自定義的形狀路徑。使用方法類似於選框工具組。
3D物件編輯工具組	對 3D 物件進行移動旋轉等等操作。
3D相機編輯工具組	對 3D 相機進行移動旋轉等等操作。

文字工具組
T	水平文字工具	T
↓T	垂直文字工具	T
T	水平文字遮色片工具	T
T	垂直文字遮色片工具	T

路徑工具組
♦	筆型工具	P
♦	創意筆工具	P
♦+	增加錨點工具	
♦−	刪除錨點工具	
∧	轉換錨點工具	

形狀工具組
▭	矩形工具	U
▢	圓角矩形工具	U
◯	橢圓工具	U
⬠	多邊形工具	U
／	直線工具	U
♠	自訂形狀工具	U

3D物件編輯工具組
	3D 物件旋轉工具	K
	3D 物件轉動工具	K
	3D 物件平移工具	K
	3D 物件滑動工具	K
	3D 物件比例工具	K

3D相機編輯工具組
	3D 旋轉相機工具	N
	3D 轉動相機工具	N
	3D 平移相機工具	N
	3D 移動相機工具	N
	3D 縮放相機工具	N

1-2 面板介紹

Adobe 系列軟體透過功能面板結合選單指令可以進行許多的操作處理，下面我們來認識一下幾個重要的功能面板：

圖層面板

一個影像檔由很多層組成，每一層都如同一張透明的薄膜，一層一層的疊加便組成了影像。

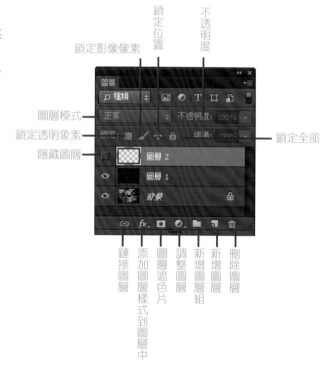

鎖定位置

不透明度

鎖定影像像素

圖層模式

鎖定透明象素

隱藏圖層

鎖定全部

鏈接圖層　添加圖層樣式到圖層中　圖層遮色片　調整圖層　新增圖層組　新增圖層　刪除圖層

色版面板

色版的概念是由分色印刷概念演變而來的，在 Photoshop 的色版面板中使用者可以看見組成畫面的每一種顏色都是被記錄在一個單獨的通道裡，每一種顏色就好像分色印刷中的單色印板。

將色版轉化成選區

垃圾桶

建立新色版

將選區轉化成色版

路徑面板

Photoshop 為使用者提供的繪圖控制指令
就是「路徑」了。它可以是一段直線或是
一段曲線，或是由線段組成的圖形，總之
路徑的主要特點就在於它的精確性。

以前景色填充路徑
用前景色為路徑描邊
將路徑轉換為選區
將選區轉換為路徑
建立新路徑
垃圾桶

資訊面板

在面板中顯示游標在影像位置的有關資訊，
如顏色、座標、長寬比等。

導覽器面板

在小視窗中顯示正在編輯的影像局部。

顏色面板

透過移動顏色面板中顏色條下方的滑塊來
改變影像的前景色與背景色。

色票面板

點擊色板面板中的顏色小方塊，可以改變前景色。

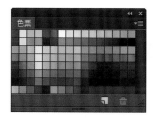

步驟記錄面板

自動記錄下您對影像所做的所有編輯步驟。

字元面板

可以對輸入影像的文字進行各種設定修改。

樣式面板

在樣式面板中，列出了多種預設的圖層樣式，單擊選框中的圖層樣式，可添加樣式到目前圖層。

動作面板

錄製對影像所做的編輯過程，當需要進行相同的動作時，只需按播放鈕就可以了，類似 Word 文書編輯軟體中的巨集指令。

段落面板

對輸入到圖層中的文字排序進行設定。

畫筆面板

畫筆面板為我們提供了不同的畫筆大小及畫筆類型，以及對畫筆的各種編輯設定。

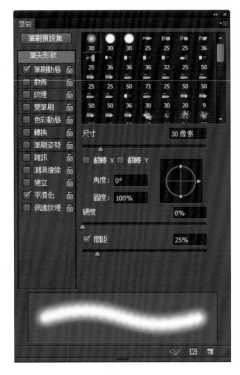

Note

02 藝術創意設計

本章為藝術創意設計，本例的特效呈現猶如萬花筒般絢麗融合的奇妙景象。主要運用濾鏡，結合了漸層工具和圖層樣式的使用。

▼ 原 始 素 材

▼ 關 鍵 技 巧

1 執行濾鏡 \ 扭曲 \ 波形效果

2 按 <Ctrl+F> 鍵，重複使用濾鏡效果

3 圖層混合模式設定

4 按 <Ctrl+Alt+Shift+T> 鍵執行連續變換

5 圖層樣式設定

6 選取工具箱中的水平文字工具輸入文字

 ch02\ ▰ >ch02.psd

2-1 底圖的製作

1 執行檔案\開新檔案指令，
在彈出的新增對話方塊中設
定寬度為 800 像素，高度為
800 像素，解析度為 200 像
素 / 英寸，色彩模式為 RGB
色彩，背景內容為白色，點
擊確定按鈕。

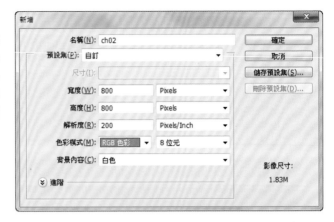

2 執行視窗\圖層指令，在彈出的圖層面板中
點擊右下角的建立新圖層 按鈕新建一個
圖層，將新建的圖層填充顏色為黑色。

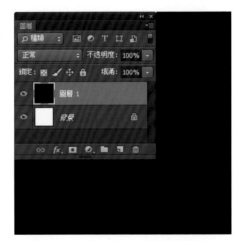

3 設定前景色為白色，在工具箱中選擇線性漸
層工具 ，設定漸層類型為前景色到透明，
點擊放射狀漸層按鈕，填充圖層 1。新建一
個圖層，將新建的圖層填充顏色為黑色。

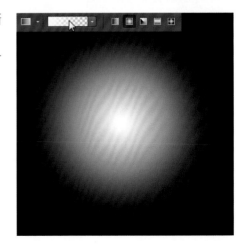

4 執行濾鏡\扭曲\波形效果指令，在彈出的波形效果對話方塊中，點擊隨機化按鈕到如
圖效果，其他參數為預設，點擊確定按鈕。

 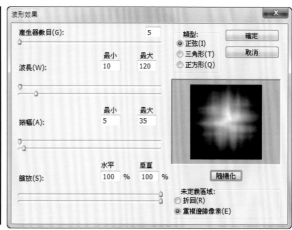

TIPS ▶

在波形效果對話方塊中設定的參數不同，得到的波形效果也不同。設定產生器數目為 50，波長最小為
5，最大為 10，其他為預設。

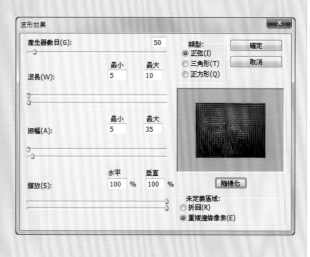

設定產生器數目 5，振幅選項的最小為 5，最大為 300，縮放選項的水平為 1，垂直為 100，點選三角
形選項。

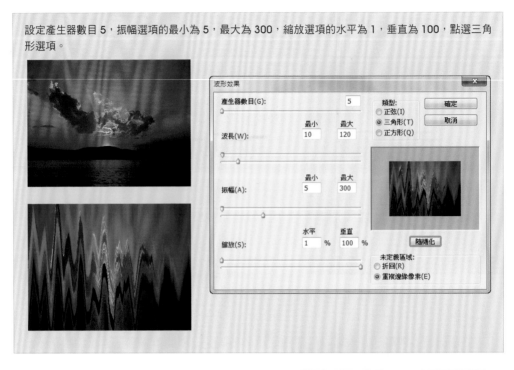

5 按 <Ctrl+F> 鍵，重複使用波形效果指令 9
次，得到如圖所示效果。

6 按 <Ctrl＋Alt＋T> 鍵調出自由變換並複製控制框，然後在控制框中點擊滑鼠右鍵，在彈出快速選單中選擇旋轉 90 度（順時針）指令，按 <Enter> 鍵確認操作，得到圖層 1 拷貝圖層。

7 將圖層混合模式設為變亮。

8 按 <Ctrl＋Alt＋Shift＋T> 鍵執行連續變換並複製操作兩次，得到圖層 1 拷貝 2 和圖層 1 拷貝 3，效果如圖所示。

9 按 <Ctrl＋Shift＋E> 鍵合併可見
圖層，在圖層面板中點擊 ▼≡ 按
鈕，在彈出快速選單中選擇混合
選項選項。

10 在彈出的圖層樣式對話方塊中選取漸層覆蓋選項，在漸層覆蓋選項裡，設定混合模式為
加深顏色模式，漸層顏色設定為從亮藍過渡到紫紅色，樣式為放射性，點擊確定按鈕。

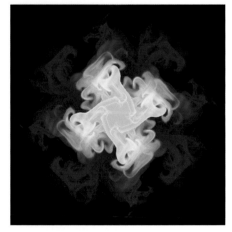

11 按 <Ctrl+Alt+T> 鍵調出自由變換並複製控制框，然後在控制框中點擊滑鼠右鍵，在彈
出功能表中選擇水平翻轉指令，按 <Enter> 鍵確認操作。並將新圖層混合模式設為變亮。

12 按 <Ctrl+Alt+Shift+T> 鍵執行變換並複製操作 1 次。讀者可以根據自己的審美設定不
同的混合模式。

 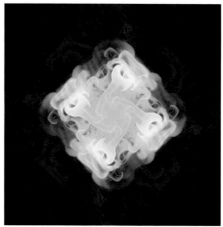

2-2 文字的製作

1 選取工具箱中的水平文字工具 ，在畫面中添加文字「Photoshop」，執行視窗 \ 字元指令，在彈出的字元面板中設定字體為 Arial、Black，字體大小為 63.12 點。

2 在圖層樣式對話方塊中設定文字圖層樣式，勾選外光暈選項，設定混合模式為濾色，不透明度為 75%，點擊確定按鈕。

3 在圖層樣式對話方塊中勾選筆畫選項,參照圖設定尺寸為 3,位置為外部,混合模式為正常。

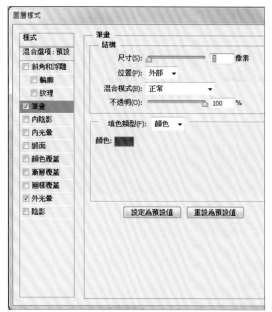

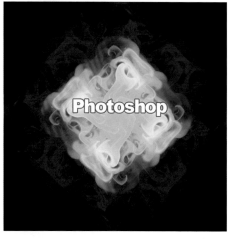

4 再次選取工具箱中的文字工具 ,在畫面中輸入 http://www.adobe.com/support/ photoshop,最終效果如圖所示。

03

影像處理

本章將一般的拍攝照片透過色版改頭換面為白雪茫茫的世界，保留主體人物顏色，將其調整色調與整個白雪世界相融合，最後用筆刷製作的雪花散落在整個畫面，冬天童話意境不言而喻。

▼ 原 始 素 材

▼ 關 鍵 技 巧

1 執行 <Ctrl+A>、<Ctrl+C>、<Ctrl+V>、<Ctrl+J>、<Ctrl+U> 等快捷鍵的練習

2 執行濾鏡 \ 藝術風 \ 粒狀影像指令製作雪花效果

3 執行影像 \ 調整 \ 陰影 / 亮部指令調整明暗對比

4 羽化選區，對選區進行調色

5 圖層的管理與應用

 ch03 \ ▭ >001.jpg、ch03.psd

3-1 色版的運用

1 執行檔案 \ 開啟舊檔指令，開啟隨書光碟中的 ch03\001. jpg 素材檔。

2 按快速鍵 <Ctrl+J> 鍵複製背景圖層為圖層 1。

3 在色版面板中點擊綠色版，然後按下 <Ctrl+A> 鍵全選，再按 <Ctrl+C> 鍵複製綠色色版影像內容。

4 回到圖層面板中新增一個圖層 2，按 <Ctrl+V> 鍵將綠
色色版複製內容粘貼到圖層 2 中。

5 執行影像\調整\陰影/亮部指令，在彈出的
面板中設置總量為50%，點擊確定按鈕。

6 執行濾鏡 \ 藝術風 \ 粒狀影像指令，
在彈出的面板中設置粒狀為 0，亮部
區域為 10，強度為 1，點擊確定按鈕。

7 在圖層面板中設置圖層混合模式為濾色。

8 選取圖層 1，然後按下 <Ctrl +U> 鍵調出色相 / 飽和度面板，勾選上色選項，設置色相為 180，飽和度為 50，明亮為 0，點擊確定按鈕。

TIPS ▶

掌握色相 / 飽和度指令，首先要理解什麼是色相？什麼是飽和度？什麼是明度？

色相是色彩的首要外貌特徵，除黑白灰以外的顏色都有色相的屬性，是區別各種不同色彩的最準確的標準。

飽和度是指色彩的鮮豔度，不同色相所能達到的純度是不同的，飽和度高的色彩較為鮮豔，飽和度低的色彩較為暗淡。

明度是即色彩的明暗差別，明度最高的是白色，最低的是黑色。

---

9 在圖層面板中點擊背景圖層前的指示圖層可見度 👁 按鈕，關閉背景圖層。

10 在圖層面板中點擊 ▼≣ 圖示，在出現的下拉選單中選取合併可見圖層選項。

3-2 單獨對人物進行色調處理

1 在圖層面板中再次點擊背景圖層前的指示圖層可見度 👁 按鈕，開啟背景圖層，並且為圖層 1 增加一個圖層遮色片。

2 選取筆刷工具 🖌，在屬性列中設置筆刷大小為柔邊圓角 25px，不透明度為 100%，確定前景色為黑色，在遮色片中對人物進行塗抹，將背景圖層的人物顯現出來。

3 在圖層面板中點擊建立新填色或調整圖層  按鈕,在彈出的功能選單中選取色相/飽和度選項。在調整面板中選取主檔案,設置色相為 -3,飽和度為 -27,明亮為 0。

4 在圖層面板中點擊圖層 1 遮色片的同時按住 <Ctrl> 鍵調出選區。

5 按 <Ctrl+Alt+Shift+E> 鍵蓋印圖層得到圖層 3。

6 在圖層面板中點擊建立新填色或調整圖層 按鈕出現曲線調整圖層，在兩個圖層中間按住 <Alt> 鍵點擊解除剪裁遮色片。

TIPS ▶
如果再次在兩個圖層中間按住 <Alt> 鍵點擊，便可以製作剪裁遮色片。

7 在曲線調整面板中設置輸入為 155，輸出為 178。

8 同樣只針對人物範圍增加一個選取顏色調整圖層，設置顏色為紅色，青色為 15%，黃色為 -43%；設置顏色為黃色，青色為 36%，洋紅為 -1%，黃色為 -48%，黑色為 -9%。

9 設置顏色為洋紅，青色為 13%，洋紅為 22%。

10 同樣只針對人物範圍增加一個亮度 / 對比調整圖層，設置亮度為 11，對比為 22。

3-3 增加雪景意境

1 新增圖層 2，選取筆刷工具 ，在屬性列中設置筆刷大小為柔邊圓角 70px，不透明度為 50%，確定前景色為白色，在圖層 2 中進行塗抹。

2 在圖層面板中設置不透明度為 95%，讓整個雪景通透自然點。

TIPS ▶
請記得按下 <Cltr+S> 鍵保持隨時儲存檔案備份的好習慣，因為軟體操作過程中可能因為意外的發生導致工作檔案遺失。

3 選取筆刷工具 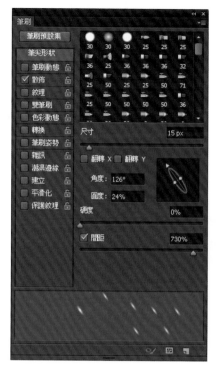，按下 <F5> 鍵開啟筆刷面板，設置尺寸為 15px，角度為 126 度，圓度為 24%，間距為 730%；勾選散佈選項，再勾選兩軸選項，數量為 1。

4 在屬性列中設置不透明度為 89%，新增一圖層使用筆刷工具在頁面中進行塗抹。

5 為圖層 3 增加一個圖層遮色片，選取筆刷工具 ，
在屬性列中設置筆刷大小為柔邊圓角 30px，不透明
度為 100%，確定前景色為黑色，在遮色片中進行塗
抹繪製，將遮擋人物的部分雪花塗抹掉。本範例便可
大功告成！

Note

4 數位編修

本章的原始素材圖片比較柔和，所以先將淺綠色透過選取顏色調整為黃褐色，再增加顏色層次，將整體色調調整均勻以後，再盡量將亮部增強亮度，柔和過渡，最後把整體色調進行統一創作出不同的視覺效果。

▼ 原 始 素 材

▼ 關 鍵 技 巧

1 建立選取顏色調整圖層

2 增加圖層遮色片

3 建立曲線調整圖層

4 建立色彩平衡調整圖層

5 按 <Ctrl＋Alt＋Shift＋E> 鍵蓋印圖層

 ch04\ 📁 >001.jpg、ch04.psd

4-1 去除淺綠色

1 執行檔案＼開啟舊檔指令，開啟隨書光碟中的
ch04＼001.jpg 的素材圖像。

2 按快速鍵 ＜Ctrl＋J＞ 鍵複製背景圖層為圖層 1。

2 在圖層面板中，點擊建立新填色或調整圖層 按
鈕，在彈出的選單中選取顏色選項。建立選取顏色
調整圖層，顏色為黃色時，青色為 -54%，洋紅為
30%，黃色為 13%，黑色為 0%；顏色為綠色時，
青色為 -89%，洋紅為 44%，黃色為 -12%，黑色為
0%；

4 設定前景色為（R248、G250、B230），背景色為黑色。按下 <Alt+Delete> 快速鍵，以前景色填充圖層 1。

5 顏色為中間調時，青色為 0%，洋紅為 2%，黃色為 0%，黑色為 0%；將圖像中的綠色轉換為黃色，圖像效果如圖所示。

6 按快速鍵 <Ctrl+J> 鍵複製選取顏色 1 圖層為選取顏色 1 拷貝圖層。

7 在圖層面板中設定不透明度
為 20%。

4-2 增加圖像顏色層次

1 按 <Ctrl + Alt + 2> 鍵調出
高光選區,在圖層面板中點
按建立新圖層 按鈕,新
建一個圖層。

2 在工具箱中點擊前景色 圖示,在彈出的檢色器面板中設定顏色為 R243、G206、
B164,點擊確定按鈕後,按 <Alt + Delete> 鍵填充橙黃色。

3 在圖層面板中，設定圖層混合模式為濾色，不透明度為 20%，再次增加圖像高光。

4 新增圖層 3，設定前景色為 R130、G85、B159，按 <Alt + Delete> 鍵填充紫色。

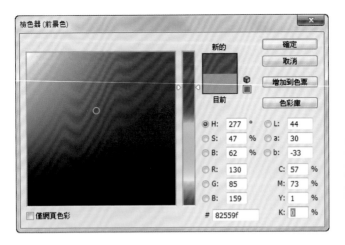

5 在圖層面板中點擊增加圖層遮色片 按鈕，建立一個遮色片。選取筆刷工具 ，在屬性列中設定筆刷大小為柔邊圓形 400px，不透明度為 88%，設定前景色為黑色，拖曳滑鼠在遮色片中塗抹。

4-3 增加暗角

1 在圖層面板中，設定圖層混合模式為柔光。

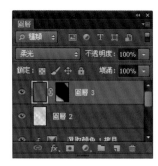

2 再新增一圖層，設定前景色為 R238、G206、B122，按 <Alt＋Delete> 鍵填充黃色。

3 在圖層面板中點擊增加圖層遮色片 按鈕，建立一個遮色片。同樣設定前景色為黑色，選取筆刷工具 在遮色片中塗抹。

4 在圖層面板中，設定圖層混
合模式為柔光。

5 在圖層面板中，點擊建立新
填色或調整圖層  按鈕，
在彈出的選單中選擇曲線選
項。選取紅色版，設定如圖
所示。

6 選取綠色版，輸入為 107，
輸出為 96；選取藍色版，
輸入為 250，輸出為 225，
最後效果如圖所示。

7 在圖層面板中，再次點擊建立新填色或調整圖層  按鈕，在彈出的選單中選擇色彩平衡選項。在調整面板中色調選取陰影時，青色 - 紅色為 9，洋紅 - 綠色為 -9，黃色 - 藍色為 0，勾選保留明度選項；

8 色調選取亮部時，青色 - 紅色為 -10，洋紅 - 綠色為 5，黃色 - 藍色為 4，勾選保留明度選項，效果如圖。

9 再複製一層色彩平衡 1 圖層得到色彩平衡 1 拷貝圖層。

10 在圖層面板中，設定圖層不透明度為 30%。

4-4 增加暗角讓亮部再柔和一些

1 按 <Alt+Ctrl+2> 鍵調出高光區域，在圖層面板中點按建立新圖層 按鈕新增一圖層 5。

2 設定前景色為 R248、G209、B215，點擊確定按鈕後，按 <Alt +Delete> 鍵填充粉紅色。

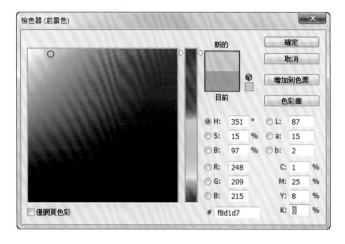 

3 按 <Ctrl+D> 鍵取消選區，在圖層面板中點擊增加圖層遮色片 按鈕同時按住 <Alt> 鍵，建立一個圖層遮色片。選取筆刷工具 ，在屬性列中設定筆刷大小為柔邊圓形 175px，不透明為 100%，前景色為白色，拖曳滑鼠在遮色片中對人物進行塗抹。

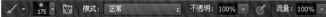

4 在圖層面板中，設定圖層混
合模式為濾色，不透明度為
30%。

5 新增圖層 6，選取橢圓選取
畫面工具 ，在屬性列中
設定羽化為 50px，在頁面中
繪製一個橢圓選區。

TIPS ▶

如果想繪製羽化選區，也可以在屬性列中設定羽化值為 0，繪製
出選區。

再執行選取\修改\羽化指令，在彈出的羽化選取範圍中設定羽化強度參數。

6 設定前景色為 R163、G86、B114，點擊確定按鈕後，按 <Alt+Delete> 鍵填充顏色。

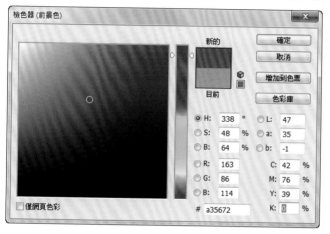

7 按 <Ctrl+D> 鍵取消選區，在圖層面板中，設定圖層混合模式為濾色，不透明度為 30%。

4-5 加強色調的統一

1 點擊圖層6縮覽圖調出選區，點擊建立新填色或調整圖層  按鈕，在彈出的選單中曲線選項，單獨對橢圓選區進行曲線調整。

2 選取紅色版，設定輸入為98，輸出為108；選取綠色版，設定輸入為104，輸出為97；

3 選取 RGB 色版，設定輸入為111，輸出為97，按 <Ctrl+D> 鍵取消選區，圖像效果如圖所示。

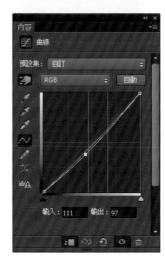

4 按 <Ctrl＋Alt＋Shift＋E> 鍵蓋印圖層得到圖層 7。

5 增加一個色彩平衡調整圖層，在調整面板中色調選取陰影時，青色 - 紅色為 -3，洋紅 - 綠色為 4，黃色 - 藍色為 4，勾選保留明度選項；

6 色調選取亮部時，青色 - 紅色為 2，洋紅 - 綠色為 0，黃色 - 藍色為 10，勾選保留明度選項。

7 按<Ctrl＋Alt＋Shift＋E>鍵蓋印圖層得到圖層8，設定圖層混合模式為色彩增值，不透明度為 50%。

TIPS ▶

什麼是蓋印圖層？蓋印圖層就是在處理圖片的時候將處理後的效果蓋印到新的圖層上，功能和合併圖層差不多，不過比合併圖層更好用！因為蓋印是重新產生一個新的圖層而一點都不會影響您之前所處理的圖層，這樣做的好處在於如果覺得之前處理的效果不太滿意，可以刪除蓋印圖層，而之前做效果的圖層依然還在。極大程度上方便我們處理圖片，也可以節省時間。

8 設定前景色為 R167、G98、B49，選取筆刷工具 ，在屬性列中設定筆刷大小為柔邊圓角 1300px，不透明為 100%。新增一圖層，在頁面中點擊一下繪製一柔邊圓形。

9 在圖層面板中設定圖層混合模式為色相，讓陽光與整個色調統一為黃褐色。

藝術字設計

本章藝術標題文字充分展現了狂歡音樂祭的廣告主題，讓年輕一族看到這個宣傳媒體就產生想參加這個派對的念頭。

▼ 關 鍵 技 巧

1 執行編輯\定義圖樣指令，製作圖樣

2 點選自訂形狀工具繪製八分音符圖樣

3 添加文字外光暈效果

4 執行濾鏡\模糊\高斯模糊指令，高斯模糊視圖像

5 執行濾鏡\素描\拓印指令調整圖像

6 執行濾鏡\藝術風\挖剪圖案調整圖像

7 執行濾鏡\扭曲\擴散光暈指令調整圖像

8 執行濾鏡\像素\結晶化指令製作心形

 ch05\ 📁 >002.jpg、003.jpg、004.jpg、ch07.psd、ch08.psd、ch05.psd

5-1 背景的製作

1 執行檔案 \ 開新檔案指令，在彈出新增對話方框中設定檔案的尺寸，設定寬度為 16 公分，高度為 23 公分，解析度為 150。

2 然後點擊確定按鈕後，完成頁面的設定。

3 按快速鍵 <D> 將前景色 / 背景色變為預設顏色，按 <Alt+Delete> 將背景圖層填充為黑色。

4 在圖層面板中點選建立新圖層按鈕 ，建立一個新圖層
圖層 1。

5 顏色為中間調時，青色為 0%，洋紅為 2%，黃色為
0%，黑色為 0%；將圖像中的綠色轉換為黃色，圖
像效果如圖所示。

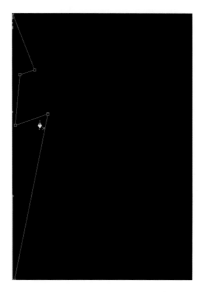

6 按快速鍵 <Ctrl+J> 複製選取顏色 1 圖層為選取顏色 1 拷貝圖層。

7 點選工具箱中的設定背景色圖示 ，在彈出的檢色器（背景色）視窗中設定其色彩值 R206、G217、B95，然後按確定按鈕。

8 在圖層面板中點選圖層 1，按快速鍵 <Ctrl+Enter> 將剛勾好的選區轉換成路徑。

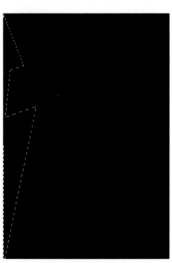

9 點選漸層工具 ，在屬性列中選擇前景到背景漸變方式，在頁面中從上到下拉出漸變。

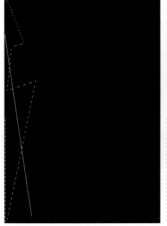
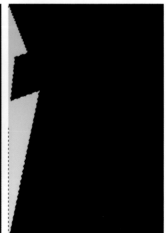

10 按快速鍵 <Ctrl+D> 取消選區。

11 執行檔案 \ 開新檔案指令，或快速鍵 <Ctrl+N> 新建一個頁面來製作圖案，我們設定寬度和高度均為 36 像素，解析度為 150，點擊確定按鈕。

12 在圖層面板新建一個透明圖層圖層 1，關閉背景層的可見度按鈕  將其隱藏。

13 按快速鍵 <D> 恢復預設前景色／背景色，點選圖層 1，使用橢圓選取畫面工具  在頁面拖出一個圓形選區，按 <Ctrl+Delete> 將選區填充為白色。

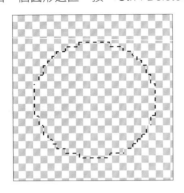

14 按 <Ctrl+D> 鍵取消選區，執行編輯 \ 定義圖樣指令，在彈出的圖樣名稱視窗中名稱命名為圖樣 9，點擊確定按鈕，完成圖樣的定義。

15 回到檔案中，按住 <Ctrl> 鍵用滑鼠點選圖層 1 提取出選取範圍，然後點選建立新圖層按鈕 ，新建一層圖層 2。

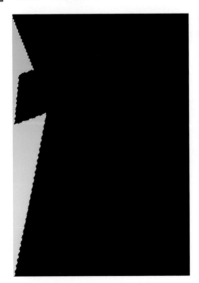

16 點選工具箱中的油漆桶工具 ，在屬性列中選擇圖樣填充，在選擇器中找到剛剛定義的圖樣，點選圖層 2，在選取區用油漆桶工具 進行填充。

17 按 <Ctrl+D> 鍵取消選區，將圖層面板中圖層 2 的不透明設為 20%。

18 在圖層面板中新建一個透明圖層圖層 3，使用圓角矩形工具 ，在頁面中拖出一個圓角矩形路徑。

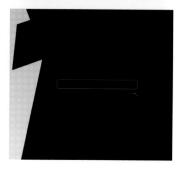

19 在工具箱中點選滴管工具 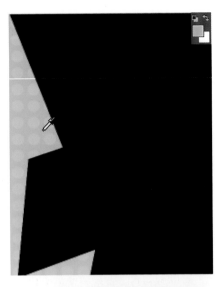，在頁面中使用
滴管工具點選綠色區域，這時我們發現前景色
變為我們點選的顏色。

20 按住 <Alt> 鍵，用滴管工具 點選區域，將
點選顏色，變為背景色。

21 點選圖層 3，按快速鍵 <Ctrl＋Enter> 將圓角矩形路徑轉換成選區，使用漸層工具
將選取拉出前景到背景的漸變。

22 按 <Ctrl+D> 鍵將選區取消，然後到圖層 3 用滑鼠拖到圖層 1 下方，按快速鍵 <Ctrl+T> 將圓角矩形拖動，旋轉到如圖位置。

 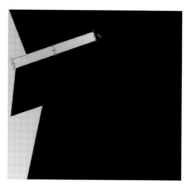

23 在圖層面板下方點選建立新圖層按鈕 ，建立一個新圖層圖層 4 在工具箱中點選自訂 形狀工具 ，在屬性列中選擇八分音符圖樣，在圖層 4 上面拉出八分音符的路徑。

 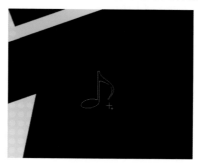

24 按 <Ctrl+Enter> 鍵將路徑轉換成選區，將選區填充為白色，<Ctrl+D> 鍵取消選區。

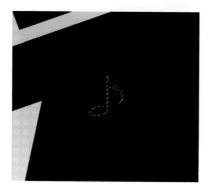 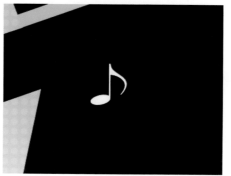

25 按 <Ctrl+T> 鍵將八分音符縮小，移到如圖位置，按 <Enter> 確定。

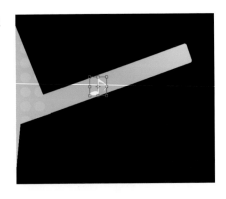

26 點選文字工具 【T】，在屬性列中設定字體為 Arial、Black，大小為 18 點，並在頁面中輸入 music.com，點選工具箱中的移動工具 【↔】 完成文字輸入。

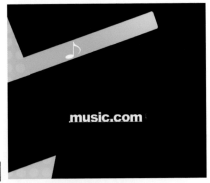

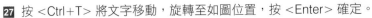

27 按 <Ctrl+T> 將文字移動，旋轉至如圖位置，按 <Enter> 確定。

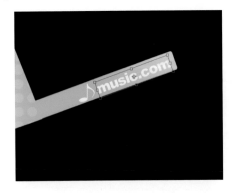 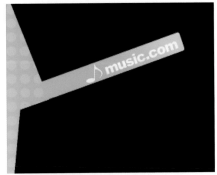

28 開啟隨書光碟中的 ch05\002.jpg。

29 點選工具箱中的矩形選取畫面工具
　　 ，選取一部分，按 <Ctrl+C>
　　將選區部分拷貝。

30 回到檔案中，點選背景圖層，按 <Ctrl+V> 將拷貝部分貼上。

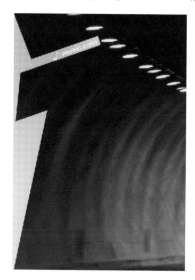

31 然後按 <Ctrl+T> 鍵將圖層 5 縮小旋轉至如圖效果，按 <Enter> 鍵確認後將此圖層不透明設為 55%。

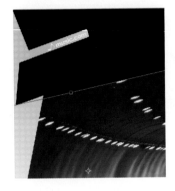

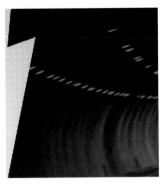

32 點選圖層 5 並執行影像 \ 調整 \ 曲線指令，在彈出的曲線視窗中設定輸出為 175，輸入為 105，點擊確定。

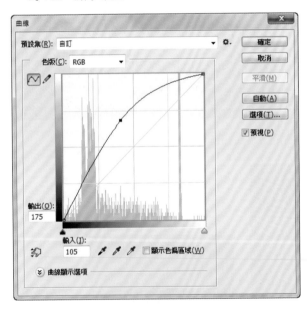
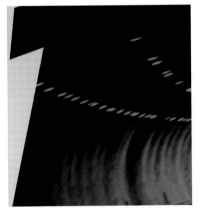

TIPS ▶

利用改變曲線對話框中的曲線形狀，來調整影像的色調和色彩。將曲線向上或向下拖移可以讓影像變亮或變暗，曲線斜度較大的部分代表對比較明顯的區域，較平緩的部分則代表對比較低的區域。

33 使用橡皮擦工具 ，設定其主要直徑為 500，硬度 0%，點選圖層 5 將其生硬的邊緣擦掉，使它和背景層相融。

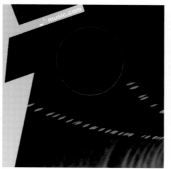 

34 背景的製作已經完成如圖所示：

5-2 文字的製作

1 點選水平文字工具 ，在字元面板中設定字體為 Arial，大小為 40，然後在頁面中輸入文字 2020 Happy New Year。

2 設定 2020 Happy NewYear 文字層的不透明為 20%。

3 點選圖層面板下方的建立新圖層按鈕 ，新建圖層 6，然後使用工具箱中的橢圓工具 ，在屬性列中選擇填充像素按鈕 形狀 將前景色設定成白色，按住 <Shift> 鍵的同時在如圖位置處繪製。

4 接下來按住 <Alt> 鍵的同時用滑鼠拖動圖層 6 的圖像，拷貝並移動圖像得到圖層 6 拷貝。

TIPS ▶
複製圖像到圖層這種複製方法，有利於對圖像進行調整和修改。

5 使用同樣方法，按照文字的基本輪廓製作出如圖所示效果。

6 為了使圖層便於編輯，將圖層6及其拷貝圖層全部選取，按 <Ctrl+E> 進行合併，將其命名為2。

7 使用相同的方法，製作出其餘文字的效果如圖：

8 點選圖層面板下方的建立群組按鈕 ，將所有的文字效果圖層用滑鼠左鍵拖入群組內，並將群組重命名為 2020 Happy New Year，刪除之前的文字層。

9 將 2020 Happy New Year 群組展開，選取 2 文字效果圖層，然後點選圖層面板下方的增加圖層樣式按鈕 *fx*，在彈出的圖層樣式視窗中選擇外光暈，設定其參數不透明為 30%，混合模式為濾色，光暈顏色為白色，展開為 4，尺寸為 49，然後點擊確定按鈕。

10 這時我們發現 2 文字效果層後面出現了一個圖層效果圖示 ，點擊滑鼠右鍵並在彈出選項中選擇拷貝圖層樣式選項。

11 用同樣方法為群組內所有文字效果貼上圖層樣式。

12 繼續點選水平文字工具 T ，在字元面板中設定字體為華康儷粗黑，大小為 72，在頁面中輸入文字 POP MUSIC PARTY。

13 在圖層面板中同時選取兩個文字層，按快速鍵 <Ctrl+T> 同時對它們進行任意變形。

14 將兩個文字層任意變形至如圖效果，按 <Enter> 鍵確定，文字部分製作完成。

5-3 人物的製作

1 按下 <Ctrl+O> 快速鍵，開啟隨書光碟中的 ch05\004. jpg。

2 按下 <Ctrl+J> 鍵對它進行圖層複製。

3 點選圖層 1 並且執行濾鏡 \ 模糊 \ 高斯模糊指令，在彈出的高斯模糊視窗中設定強度為 1，點擊確定按鈕。

4 在圖層面板中將圖層 1 的混合模式改為顏色，按快速鍵 <Ctrl+E> 將兩個圖層合併。

5 按快速鍵 <Ctrl+J>，再拷貝一個背景圖層，並在工具箱中點擊預設前景色 / 背景色按鈕 ，將前景色設定為黑色，背景色設定為白色。

6 點選圖層 1 並且執行濾鏡 \ 素描 \ 拓印指令，在彈出的拓印視窗中設定細部為 3，暗度為 10，這樣圖像就變成了黑白色，點擊確定按鈕。

7 在圖層面板中將圖層 1 的混合模式設定為線性加深，這時圖像的輪廓線會變黑。

8 點選背景拷貝圖層，執行濾鏡\藝術風\挖剪圖案設定層
級數為 8，邊緣簡化度為 0，邊緣精確度為 3，然後點擊
確定按鈕。

9 點選背景拷貝圖層，執行濾鏡\藝術風\挖剪圖案設定層級數為 8，邊緣簡化度為 0，
邊緣精確度為 3，然後點擊確定按鈕。

10 在圖層面板中將圖層混合
模式設定為實色疊印混
合，不透明為 45%。

11 點選背景圖層，按快速鍵
<Ctrl+J> 將其再次拷貝，
然後將除背景以外的其他
圖層合併。

12 將合併得到的圖層 1 混合
模式設定成柔光。

13 點選圖層 1 執行濾鏡 \ 模糊 \ 高斯模糊指令，將強度設定成 2.5，然後點擊確定。

14 接下來選取背景層，按 <Ctrl+J> 鍵再次將其拷貝，用滑鼠將背景拷貝層移至圖層 1 上方，執行影像 \ 調整 \ 去除飽和度指令，或快速鍵 <Ctrl+Shift+U>，使圖像變為黑白色。

15 執行影像 \ 調整 \ 色階指令，或按快速鍵 <Ctrl+L>，在色階視窗中設定參數為 45、0.5、175，然後點擊確定按鈕。

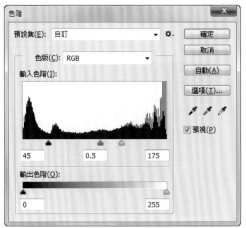

16 執行濾鏡＼扭曲＼擴散光暈指令，在彈出的擴散光暈視窗中設定粒子大小為 6，光暈量為 6，消除量為 20，點選點擊確定。

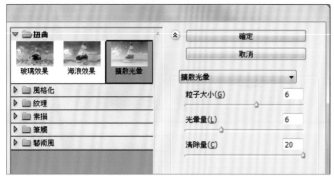

17 在圖層面板中將背景拷貝層的圖層混合模式設定為強烈光源。

18 按快速鍵 ＜Ctrl＋Shift＋E＞將所有可見圖層合併為一層，用筆型工具  沿人物輪廓勾出人物。

19 回到檔案中按 <Ctrl+V>
鍵將拷貝部分貼上到頁面
中。

20 按快速鍵 <Ctrl+T> 將人物進行縮小、移動、旋轉至
如圖效果。

21 點選圖層 6，在圖層面板下方點擊增加圖層樣式按鈕 ，在彈出選項中選擇外光暈，
在外光暈選項中設定不透明為 33%，光暈顏色為 R145、G228、B65，尺寸為 106 像
素，然後點擊確定按鈕。

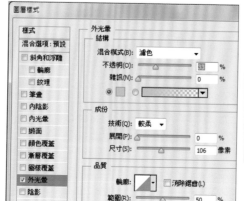

22 下面我們將為人物帶上耳機，首先開啟隨書光碟中的 ch05\003.jpg。

23 使用工具箱中的魔術棒工具 ![魔術棒]，在頁面中點擊白色區域，將白色部分選取，執行選取\反轉指令將耳機選取，按 <Ctrl+C> 將耳機拷貝。

 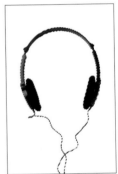

24 回到編輯視窗中，按 <Ctrl+V> 鍵將耳機貼上到頁面中。

25 按 <Ctrl+T> 鍵將耳機適當縮小，使用橡皮擦工具 ⬛ 擦除耳機的一半和耳機線。

26 繼續將耳機進行任意變形，做出人物戴上耳機的效果，按 <Enter> 鍵確認變形操作。

27 點選耳機圖層，按快速鍵 <Ctrl+J> 將其拷貝，製作耳機的另一半，選取拷貝的耳機圖層 7 拷貝，按快速鍵 <Ctrl+T> 將其水平翻轉移至人物左耳處。如圖：

28 使用橡皮擦工具 ，將左邊耳機部分擦去，製造出耳機被頭部遮擋效果。

29 點選圖層 7，點擊圖層面板中的增加圖層樣式按鈕 **fx**，選擇外光量設定不透明為 75%，光暈顏色 R148、G203、B70，尺寸為 35 像素，然後點擊確定按鈕。

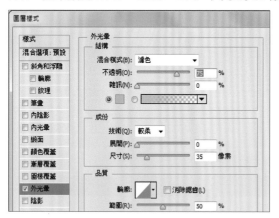

30 將圖層 7 的圖層樣式拷貝並貼上到圖層 7 拷貝層上，完成人物製作。

5-4 心的製作

1 使用快速鍵 <Ctrl+N> 開啟
新檔案,設定新檔案寬度為
15 公分,高度為 15 公分,
解析度為 150,然後點擊確
定按鈕。

2 將背景圖層填充為黑色,在圖層面板中點選
建立新圖層按鈕 ,新建一個透明圖層圖
層 1。

3 使用自定義形狀工具 ,選擇屬性列中的填滿圖元按鈕 形狀 ,在選擇器中選擇
紅心紙牌形狀,將前景色設定為白色,在頁面繪製出一個白色心形。

4 點選圖層 1，點擊圖層面板中的增加圖層樣式按鈕 ，選擇外光暈設定光暈顏色為 R247、G211、B226，技術為較柔，展開為 20，尺寸為 51，然後點擊確定。

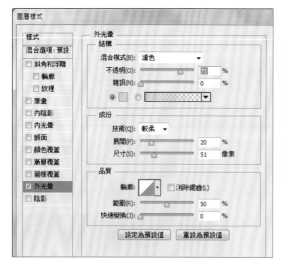

5 新建一個透明圖層圖層 2，將其用滑鼠拖動到圖層 1 下方，設定前景色彩為 R167、 G65、B147，選用自定義形狀工具  在圖層 2 上再繪製出一個粉色心形，將其移動 到白色心形正下方。

6　點選圖層 2 執行濾鏡＼模糊＼高斯模糊指令，在彈出的高斯模糊視窗中設定強度為 30，
　　然後點擊確定。

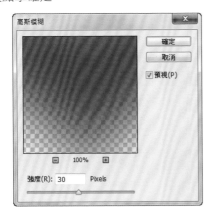

7　在圖層面板中建立一個新圖層圖層 3，將它移動到圖層 2
　　下方，同時關閉圖層 1 和圖層 2 的可見度按鈕 ，將它
　　們隱藏便於接下來的操作。

8　點選圖層 3，按住 <Ctrl> 鍵同時點選圖層 2，複製出圖層 2 的選區，將選區填充成白
　　色。

9 執行濾鏡 \ 雜訊 \ 增加雜訊指令，在彈出的增加雜訊視窗中設定總量為 30，點擊確定。

10 執行濾鏡 \ 像素 \ 結晶化指令，將單元格大小設為 10，然後點擊確定。

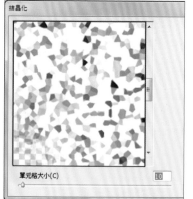

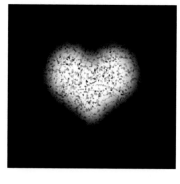

11 執行濾鏡 \ 模 \ 放射狀模糊指令，設定總量為 50，然後點擊確定按鈕。

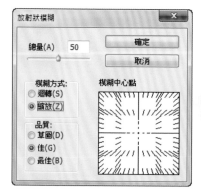

12 開啟圖層 1、圖層 2 的可見度按鈕 。

13 在圖層 1 上方新建一具透明圖層圖層 4，將其混合模式設定為線性加亮（增加），使用筆刷工具 為心形周圍製作出星光效果。

14 點選圖層面板中的建立新群組按鈕 ，將除背景圖層以外的圖層拖入群組內。

15 使用移動工具  將群組拖入檔案中,再將群組 1 用滑鼠拖到圖層面板的最上方,按快速鍵 <Ctrl+T> 將心任意變形到如圖形狀。

16 接下來我們將製作耳機線使耳機和心相連,在圖層面板下方點選建立新圖層按鈕 ,建立新圖層圖層 12,用滑鼠將此層移到群組 1 下方,用工具箱中的筆刷工具 ,在屬性列設定其主要直徑為 8,硬度為 0%,按快速鍵 <D> 將前景色快速變為黑色,然後在頁面畫出兩條耳機線。

17 雙擊圖層 12 右邊空白部分，這時彈出了圖層樣式視窗，選擇外光暈選項，將光暈顏色設為 R129、G196、B62 的綠色，不透明度為 100%，尺寸為 18，然後點擊確定按鈕。

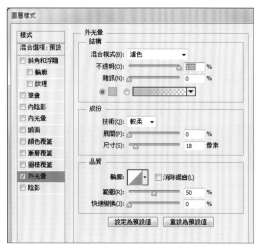

TIPS ▶

要為圖層添加圖層樣式，除了點選圖層面板下的增加樣式這個方法外，也可以用滑鼠雙擊右邊空白部分，會更為快捷。

---

18 最終效果製作完成。

網頁設計

本範例製作的是潛水工具商店的網站頁面，以大海的顏色 —— 藍色為主題，展示潛水運動的相關產品與資訊。

▼ 原 始 素 材

▼ 關 鍵 技 巧

1 執行編輯 \ 任意變形指令製作水波
2 執行濾鏡 \ 扭曲 \ 波形效果指令扭曲氣泡
3 利用仿製印章塗抹圖像
4 利用鋼筆工具繪製頁面面板

 ch06\ 📁 >001.jpg、002.psd、003.psd、004.psd、ch06.psd、文案 .doc

6-1 背景的製作

6-1-1 水波的製作

1 執行檔案 \ 開新檔案指令，在顯示新增對話視窗中設定寬度為 20 公分、高度為 12 公分、解析度為 150 像素 / 英寸、色彩模式為 RGB，然後點擊確定按鈕。

2 按下快速鍵 <Ctrl+O> 鍵開啟檔案，在彈出的開啟舊檔對話方塊中選取隨書光碟中 ch06\001.jpg 檔案。

3 點擊設定前景色 按鈕，在彈出的檢色器（前景色）對話視窗中設定其顏色為 R30、G142、B163，然後點擊確定按鈕後，再按下快速鍵 <Alt+Delete> 將圖層 1 填充為前景色。

4 按下快速鍵 <Ctrl+Shift+N> 新增一個
圖層 2，然後點擊預設的前景和背景色
■ 按鈕（快速鍵 <D>），將背景的前景
和背景色調為預設的黑色及白色。執行
濾鏡\演算上色\雲狀效果指令，在圖
層 2 中形成雲狀效果。

5 執行濾鏡\模糊\動態模糊指令，在彈出的動態模糊對話視窗中設定模糊角度為 0 度、
間距為 80 像素，並點擊確定按鈕。

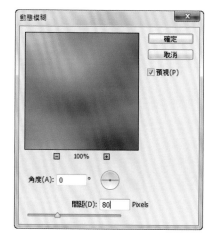

6 執行濾鏡\素描\鉻黃指令，彈出鉻黃對話視窗，設定細部為 2、平滑度為 9，然後點擊
確定按鈕。

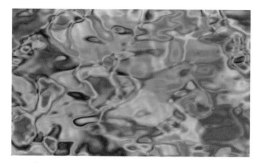

TIPS ▶
鉻黃濾鏡效果可以依照顏色明亮的不同而產生具有光滑起伏感的效果，營造出液體般的感覺。

7 執行編輯\任意變形指令（快速鍵 <Ctrl＋T>），如圖調整圖層 2 的鉻黃濾鏡效果。

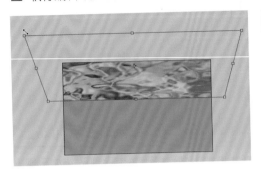 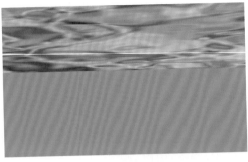

8 點擊圖層面板中的增加圖層遮色片 按鈕，為圖層 2 增加遮色片。

9 在工具浮動視窗中選擇漸層工具 ，然後按下快速鍵 <D> 恢復預設的前景和背景色，點擊開啟漸層揀選器按鈕後，在漸層揀選器中選擇前景到背景的漸層效果。

10 在圖層 2 的遮色片中使用漸層工具 ，從下往上填充黑白漸層，如圖使圖層 2 下方一部分被遮蓋住。

 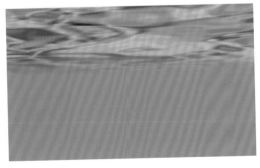

11 在圖層面板中調整圖層 2 的混合模式為柔光。

 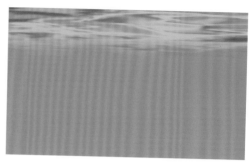

12 為了使水面更貼近真實，接下來對水加上一點光照感。選擇圖層 1 使用工具浮動視窗中的加亮工具 ，並在其選項列中設定主要直徑為 40px、硬度為 0%、範圍為亮部、曝光度為 20%。

13 如圖選擇圖層 1，並對其右下方進行了加亮效果處理。

 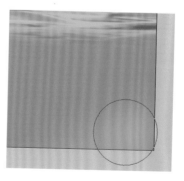

14 在工具箱中選取加深工具 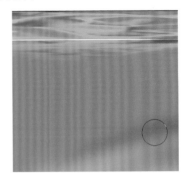，並在選項列中設定主要直徑為 150px、硬度 0%、範圍為中間調、曝光度為 20%，如圖對右下方進行加深效果。

6-1-2 水泡的製作

1 按下快速鍵 <Ctrl+N> 新增一個高度為 10 公分、寬度為 10 公分、解析度為 150 像素 / 英寸的檔案。

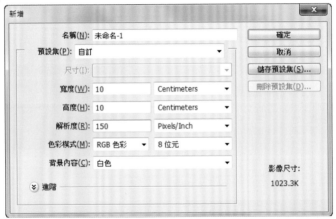

2 將背景填充為黑色，然後點擊圖層面板中的建立新圖層 按鈕，如右圖新建一個圖層。

3 選擇工具浮動視窗中的橢圓選取畫面工具 ，按住 <Shift> 鍵在圖層 1 中繪製出一個正圓。

4 選擇筆刷工具 ，設定筆刷的主要直徑為 100px、不透明 50%。

5 設定前景色為白色，如圖使用筆刷工具對圖層 1 的正圓進行塗抹。

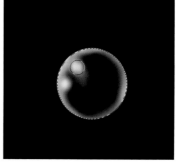

TIPS ▶
在使用筆刷工具塗抹時，可以按下快速鍵 <[> 及 <]>，對筆刷大小進行改變。

---

6 使用移動工具 ，將水泡拖曳到未命名 -1 檔案中。

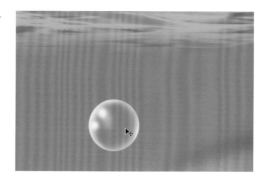

7 按下快速鍵 <Ctrl+J>，對圖層 3 進行拷貝，然後選擇圖層 3 並執行濾鏡 \ 扭曲 \ 波形 效果指令，在彈出波形效果對話視窗中設定產生器數目為 700、波長為 300 及 400、振 幅為 1 及 6，然後點擊確定按鈕。

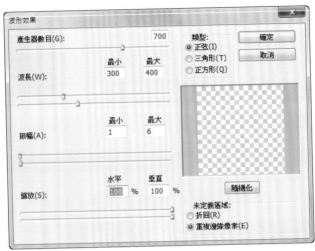

8 這時將會發現產生了許多小氣泡，選擇圖層 3 後按下快速 鍵 <Ctrl+T> 對其進行移動，並將圖層不透明改為 66%。

9 依此要領對圖層 3 進行複製、扭曲、任意變形效果處理，得到最後效果如圖所示。

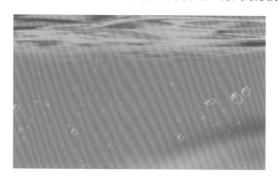

10 建立一個名為水泡的群組，並將所有水泡圖層拖曳至群組資料夾內。

6-1-3 水底光線的製作

1 點擊圖層面板上的建立新填色或調整圖層 按鈕，在彈出的快速選單中選擇漸層選項，開啟漸層填色對話視窗，在其中設定角度為 -25 度，並點擊漸層選項。

2 在彈出的漸層編輯器對話視窗中雙擊前景色標將其設定為白色；雙擊背景色標將其設定為 R70、G138、B149，然後點擊確定按鈕。

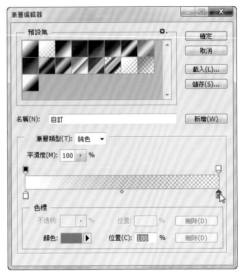

3 這時出現效果如圖所示。

4 選擇漸層填色 1 圖層，執行濾鏡 \ 演算上色 \ 雲狀效果指令。

5 選擇漸層填色 1 圖層，執行影像 \ 調整 \ 曲線指令，開啟曲線對話視窗，如圖對其數值進行了調整。

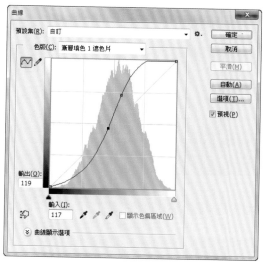

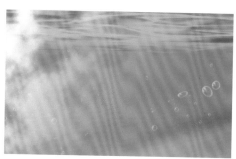

6 執行濾鏡 \ 模糊 \ 動態模糊指令，在開啟的動態模糊對話視窗中設定其角度為 -60 度、間距為 999 像素，如此一來光線就出現了。

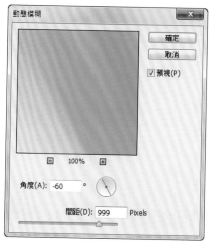

7 選擇漸層填色 1 圖層，將其不透明設為 30%、混合模式為強烈光源。

 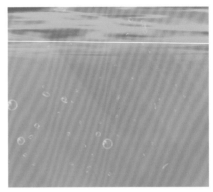

8 按下快速鍵 <Ctrl+J> 對其進行複製，以加強光線感，完成光線的製作。

 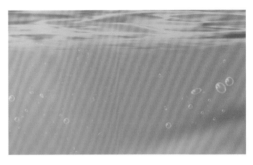

6-1-4 背景的製作

1 執行檔案 \ 開啟舊檔指令，選擇隨書光碟中的 ch06\001.jpg 檔案。

2 使用移動工具  將其拖曳
到未命名 -1 檔案中,並將
其放置於最上層,然後將其
命名為「天空」。

3 按下快速鍵 <Ctrl+T>,如圖調整天空圖層的位置及大小。

4 在圖層面板中點擊增加向量圖遮色片  按鈕,為天空
圖層添加遮色片。

5 按下快速鍵 <D> 恢復預設的前景和背景色，然後點擊漸層工具 ，選擇前景到背景的漸層方式，接著如圖在視窗中由下往上拉出漸層效果。

6 在圖層面板中選擇圖層 2，然後按下快速鍵 <Ctrl+T>，將其往下拖至水岸交接的地方後按下 <Enter> 鍵。

TIPS ▶
當圖層較多時使用移動工具 ⊞ 移動圖層位置時通常很難選到欲移動的圖層，為了方便快速移動圖層，可以點選住其圖層後按下快速鍵 < Ctrl+T >，對圖層進行移動操作。

7 選擇工具浮動視窗中的縮放顯示工具 ，使文件視窗以 100% 顯示，這時將會發現天空中有許多的雜點，這是照片像素不足所造成的，所以我們還要對其進行一些簡單地處理。

8 選擇工具浮動視窗中的模糊工具 ，然後在選項列中將其硬度調整為 0%，然後對天空圖層進行塗抹，塗抹時適時地按下快速鍵 <[> 及 <]>，調整其主要直徑的大小，然後塗抹於天空和樹林的交界處，並避免將樹林變模糊，最後將會發現天空中的雜點已經被去除掉了。

9 這時天空和水都已經完成，接下來將製作廣告的重點－房屋。這時開啟隨書光碟中的 ch06\003.psd 檔案。

10 使用工具浮動視窗中的筆型工具 ✒️，如圖勾勒出房屋的輪廓。

11 按下快速鍵 <Ctrl+Eeter> 將路徑轉變為選取範圍，然後使用移動工具 ➤ （快速鍵 <V>）將選取範圍裡的房屋拖曳到未命名 -1 檔案中，並將此圖層命名為房屋。

12 這時在視窗中我們會發現房屋有一部分被遮擋了，接下來我們將為其進行修補。

13 使用矩形選取畫面工具 ，選取出房屋中多餘
的部分並將其進行刪除。

14 選擇工具浮動視窗中的仿製印章工具
，並在選項列中將其硬度設定為
10%，然後按住 <Alt> 鍵並使用滑鼠點
擊房屋未被遮擋的部分進行來源選擇。

15 放開 <Alt> 鍵，使用仿製印章工具 在房屋中被遮住的部分進行了塗抹，直到把被
遮住的部分去除為止。

16 這時我們關閉房屋圖層的可見度 👁 按鈕，將其隱藏。

17 點選圖層面板中的天空圖層後，選擇筆型工具 ✒，如圖對部分的樹林進行路徑勾勒。

18 按下快速鍵 <Ctrl+Enter> 將路徑轉變為選取範圍，然後再按下快速鍵 <Shift+F6> 對其進行羽化，在開啟的羽化選取範圍對話視窗中將羽化強度設定為 2 像素，然後點擊確定按鈕。

19 按下快速鍵 <Ctrl+J> 對選取範圍進行拷貝，然後將拷貝的圖層圖層 4 移至房屋圖層上方，並開啟房屋圖層的可見度 ◉ 按鈕。

20 選擇圖層 4 後在工具浮動視窗中選擇橡皮擦工具 ✐，並在選項列中設定主要直徑為 100px、硬度為 0%，然後如圖對多餘的部分進行去除處理。

21 在圖層面板中選擇房屋圖層，然後按下快速鍵 <Ctrl+T> 將其調整至適當的大小。

TIPS ▶
按下快速鍵 <Ctrl+T> 任意變形後，按住 <Shift> 鍵可以對其進行同比例縮小或放大。

22 按下快速鍵 <Ctrl+J> 對房屋圖層進行拷貝，然後按下快速鍵 <Ctrl+T> 如圖移動房屋拷貝中房屋的位置。

23 房屋製作完成後，接下來我們就要把海豚放入其中。開啟隨書光碟中的 ch06\004.psd 檔案。

24 使用筆型工具  把海豚的輪廓勾勒出來。

25 按下快速鍵 <Ctrl＋Enter> 將路徑轉變成選取範圍，然後按下快速鍵 <Shift＋F6> 對其進行羽化，在開啟的羽化選取範圍對話視窗中將羽化強度設定為 5 像素，然後點擊確定按鈕。

26 使用移動工具 ▶✛（快速鍵 <V>）將選取範圍內的海豚移動到未命名 -1 檔案中，並將此圖層命名為海豚，然後選擇海豚圖層後使用滑鼠將其移動至水泡群組的上方。

27 選擇海豚圖層後按下快速鍵 <Ctrl+T> 將其縮小，並如圖移動其位置後按下 <Enter> 鍵。

28 選擇海豚圖層後按下快速鍵 <Ctrl+U>，開啟色相 / 飽和度對話視窗，在其中設定色相為 -10，然後點擊確定按鈕。這時海豚的顏色就與水的顏色很接近了。

6-2 網頁的製作

1 新建一個群組，將其命名為底板。

2 在底板群組下，新建一個圖層，選取工具箱中的鋼筆工具 ，繪製如圖路徑。

3 設定前景色為 R215、G239、B196，背景色為 R103、G180、B206，選取工具箱中的漸層工具 ，在屬性列中設定漸層顏色為前景色到背景色，點擊線性漸層 按鈕，為圖層填充漸層色，效果如圖。

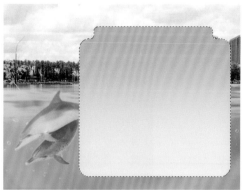

4 選取工具箱中的橢圓工具 ⬭，在屬性列面板中點擊填滿像素 `像素 ▼` 按鈕，繪製如圖圓形。

5 設定圖層不透明度為 39%。

6 載入圖層 5 選區,執行選取 \ 修改 \ 縮減指令,在彈出的縮減選取範圍對話方塊中設定縮減為 5 像素,點擊確定按鈕。

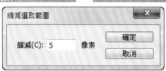

7 新建一個圖層,將選區填充白色,將圖層不透明度改為 12%。

8 將圖層 6 複製至上層,選取工具箱中的矩形選取畫面工具 ，繪製如圖矩形選區,按 <Delete> 鍵刪除選取內影像。

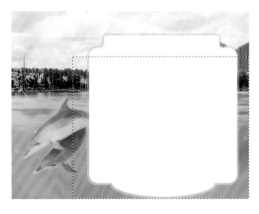

9 將前景色設定為 R229、G228、B228，背景色設定為白色，載入圖層 7 路徑，選取工具箱中的漸層工具 ，在屬性列中設定漸層顏色為前景色到背景色，點擊線性漸層 按鈕，為圖層填充漸層色，效果如圖。

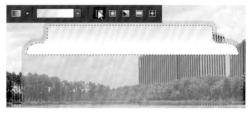

10 為底板增加一些裝飾和文字。(可直接插入隨書光碟中準備好的文案 .txt 檔案內容)

按照上述方法為網頁增加版面和文字,效果如圖。(可直接插入隨書光碟中準備好的文案 .txt 檔案內容和圖片素材)

07

實物寫真

此範例是為甜橙水果嘉年華所做的宣傳廣告。背景主題採用晶瑩剔透的甜橙表面，讓人無法抗拒它的美妙滋味。主題文字採用清爽的透明玻璃質感，透露著水果的消暑清涼口感，達到了極佳的宣傳效果。

▼ 原 始 素 材

▼ 關 鍵 技 巧

1 執行濾鏡 \ 扭曲 \ 海浪效果指令製作背景紋理效果

2 執行濾鏡 \ 扭曲 \ 波形效果指令對圖像進行波紋調整

3 執行濾鏡 \ 扭曲 \ 玻璃效果指令製作橙皮效果

4 筆刷工具增加甜橙的高光效果

5 利用圖層模式製作甜橙切面的效果

6 執行濾鏡 \ 像素 \ 結晶化效果指令製作甜橙葉子

7 執行選取 \ 顏色 \ 範圍指令選取選區

8 增加漸層對應調整圖層

 ch07\ 📁 >001.psd、002.tif、ch07.psd、甜橙 .psd、甜橙 2.psd、橙葉 .psd

7-1 背景的製作

1 執行檔案＼開新檔案指令，在彈出的新增對話視窗中設定寬度為 60 公分，高度為 40 公分，解析度為 72 像素，色彩模式為 RGB 色彩。點擊確定按鈕建立新檔。

2 設定前景色為黃色，在圖層面板下方點擊新建圖層按鈕 ，建立圖層 1。

3 按下 <Alt＋Delete> 快速鍵以前景色填充圖層 1。

4 在工具箱中選擇筆刷工具 ，在工作視窗上方的選項列中設定筆刷為 400 點實心圓，模式為正常，不透明為 100%，流量為 100%。

5 設定前景色為橙紅色，在工作視窗中任意繪製幾筆前景色。

6 設定前景色為 R235、G107、B50，在工具箱中選擇筆刷工具 ，設定筆刷為 300 點實心圓。在工作視窗左下角如圖繪製前景色。

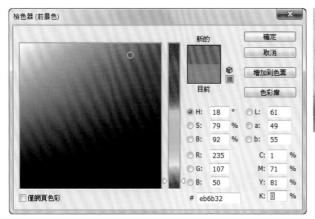

7 設定前景色為 R240、G181、B80，運用筆刷工具  在工作視窗中繪製如圖，加強顏色的層次感。

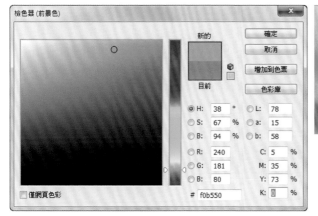

8 執行濾鏡＼扭曲＼海浪效果指令，在彈出的海浪效果對話視窗中設定波紋大小為 4，波紋強度為 20。點擊確定按鈕，背景圖層產生甜橙表皮般的皺折效果。

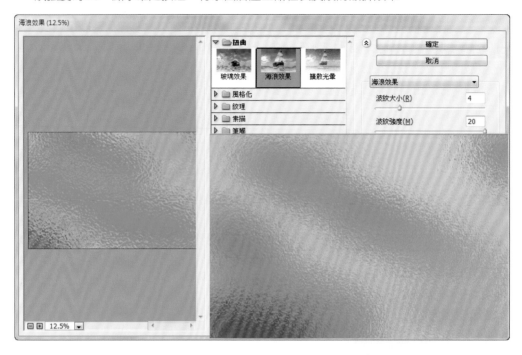

9 在工具箱中選擇鉛筆工具 ，在工作視窗上方的選項列中設定筆刷為實圓 45 像素，模式為正常，不透明度為 100%。

10 於圖層面板中建一個新圖層圖層 2，設定前景色為白色，利用剛設定好的鉛筆工具 ，在圖層 2 中繪製兩條曲線。

11 執行濾鏡 \ 扭曲 \ 波形效果指令，在彈出的波形效果對話視窗中設定產生器數目為 160，波長最小為 20，波長最大為 60，振幅最小為 5，振幅最大為 35，水平縮放為 100%，垂直縮放為 100%，類型為正弦。點擊確定按鈕，曲線產生神奇的圖案效果。

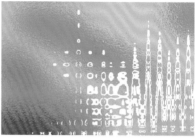

12 在圖層面板中選擇圖層 2，在該面板左上角設定圖層混合模式為柔光。圖像與背景更協調地融合在了一起。

13 在圖層面板右上角設定不透明為 59%。

14 在工具箱中選擇鋼筆工具 ，繪製如圖工作路徑：

15 按下 <Ctrl+Enter> 快速鍵，轉
換路徑為選區。

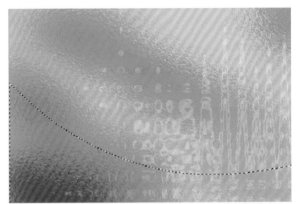

16 在圖層面板中選擇圖層 1，
按下 <Ctrl+J> 快速鍵複製
選區圖像，建立圖層 3。此
時看整體視覺效果並無什麼
變化。

17 在圖層面板中選擇圖層 3，在面板左上角設定圖層混合模式為實光。調整如圖效果，完成背景的製作。

7-2 甜橙的繪製

1 按下 <Ctrl+N> 快速鍵，新建一名為甜橙的 RGB 色彩模式檔案。

2 在工具箱中選擇鋼筆工具 ，繪製甜橙的基本輪廓如圖。

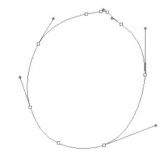

3 在圖層面板中，點擊面板下方的建立新圖層按鈕 ，新建圖層 1。

4 設定前景色為 R244、G184、B80，設定背景色為 R237、G122、B28。

5 按下 <Ctrl+Enter> 快速鍵，轉換路徑為選區。

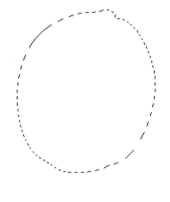

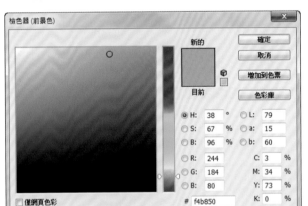

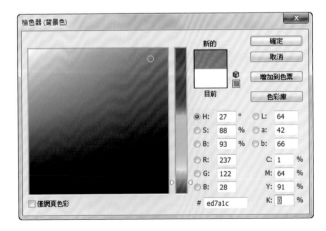

6 在工具箱中選擇漸層工具 ，在工作視窗上方的選項列中選擇漸層類型為前景色到背景色，選擇放射性漸層，模式為正常。

7 在選區中按住滑鼠左鍵由左上角向右下角方向拖動，填充漸層效果如圖。

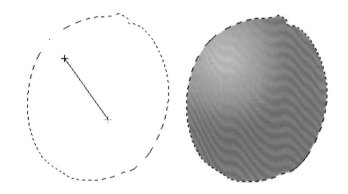

8 按下 <Ctrl+D> 快速鍵，取消選區。執行濾鏡＼扭曲＼玻璃效果指令，在彈出的玻璃效果對話視窗中設定扭曲為 20，平滑度為 4，紋理為毛面，縮放為 148%。點擊確定按鈕，呈現出甜橙表皮的褶皺感。

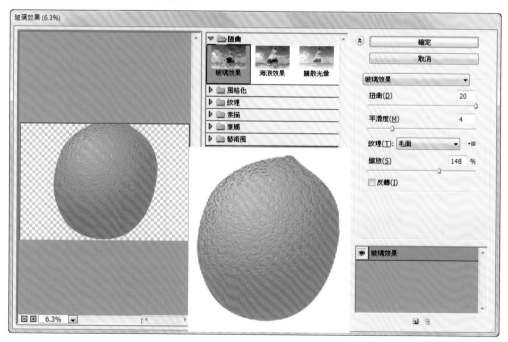

9 在工具箱中選擇橢圓選取畫面工具 ，在甜橙內繪製一個橢圓選區，開始繪製其高光部分。

10 按下 <Ctrl+Alt+D> 快速鍵，在彈出的羽化對話視窗中，設定羽化強度為 40 像素，點擊確定按鈕。

11 按下 <Ctrl+L> 快速鍵，在彈出的色階對話視窗中向左移動色階滑軸的灰色端點，輸入色階顯示為 1、2.52、255。點擊確定按鈕，繪製出甜橙的高光部分。

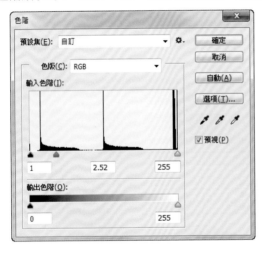

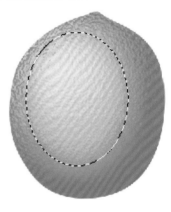

12 按下 <Ctrl+D> 快速鍵，取消選區。在工具箱中選擇鋼筆工具 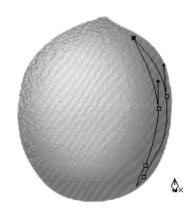，繪製一個工作路徑，製作甜橙的反光部分。

13　在圖層面板下方點擊新建圖
　　層按鈕 ，建立一個新圖
　　層。

14　按下 <Ctrl+Enter> 快速鍵，轉換路徑為選區。按下 <Alt+Ctrl+D> 快速鍵。在彈出的
　　羽化對話視窗中，設定羽化強度為 15 像素。

15　點擊確定按鈕，將選區範圍縮小。

16　在工具箱中選擇筆刷工具 ，在工作視窗上方的選項列中設定筆刷為實圓 30 像素，
　　模式為正常，不透明為 75%。

Photoshop
設計不設限

17 如圖設定前景色為黃色。

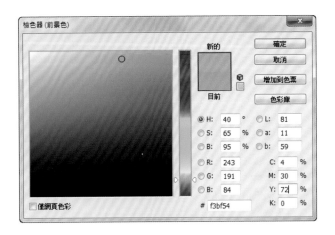

18 在圖層面板中選擇新建的圖層 2，運用剛設定好的筆刷工具 ![brush]，由上而下在選區繪製一筆前景色。

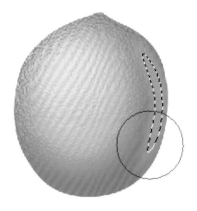

19 在圖層面板中於面板右上角設定不透明為 54%，按下 <Ctrl＋D> 快速鍵取消選區，完成反光部分的繪製。

20 在工具箱中選擇多邊形套索工具 ，繪製果蒂的選區。並在圖層面板內建一新圖層。

21 設定前景色為嫩綠色如圖。

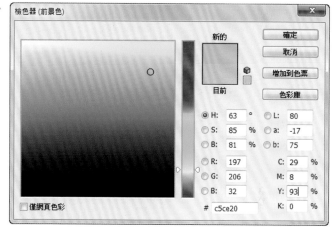

22 在圖層面板中選擇新建的圖層 3，按下 <Alt+Delete> 快速鍵，以前景色填充。

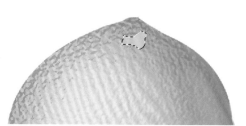

23 按下 <Ctrl+D> 快速鍵，取消選區。在圖層面板下方，點擊增加圖層樣式按鈕 ，在彈出的功能選單中選擇筆畫。接著在彈出的筆畫對話視窗中設定尺寸為 2 像素，位置為外部，不透明為 100%，顏色為黑色。

24 在左邊的樣式選項列中，點擊陰影選項，並進行如圖設定：

25 點擊確定按鈕後，果蒂有了體積感，但不夠生動。

26 在工具箱中選擇加亮工具 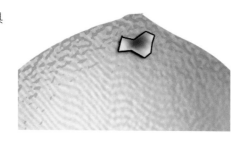 和加深工具 ，依據光學原理對果蒂進行細節處理。

27 按下 <Ctrl+Enter> 快速鍵轉換路徑為選區,並於圖層面板中新建圖層 4。

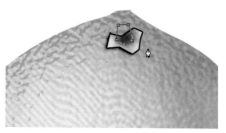

28 設定前景色為墨綠色 R23、G67、B36,按下 <Alt+Delete> 快速鍵,以前景色填充選區。

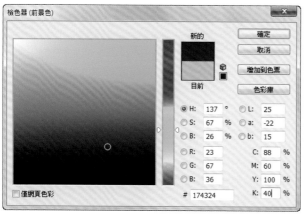

29 接下來按下 <Ctrl+D> 快速鍵,取消選區。在工具箱中選擇橢圓選取畫面工具 ,繪製一個橢圓選區。

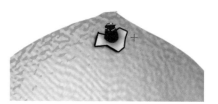

30 在圖層面板中新建圖層 5，設定前景色為 R211、G217、B33，按下 <Alt+Delete> 快速鍵填充如圖。

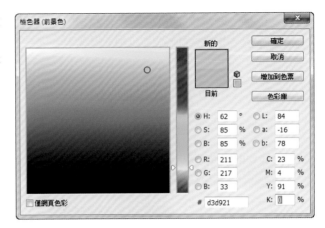

31 保持選取區域，在工具箱中選擇加亮工具 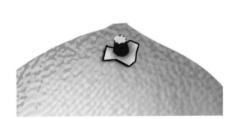 和加深工具，對蒂頭進行局部調整。效果如圖：

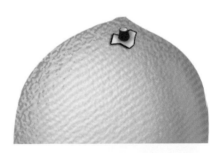

32 在圖層面板中選擇圖層 1，點選工具箱中的加深工具，在工作視窗上方的選項列中，設定筆刷為實圓 40 像素，範圍為中間調，曝光度為 100%。

33 依據光學原理，在果蒂周圍塗抹出暗部。

34 在工具箱中選擇加亮工具 ，在工作視窗上方的選項列中設定筆刷為實點 30 像素，範圍為亮部，曝光度為 100%。

35 在果蒂周圍塗抹出亮部，甜橙的頂部有了凹凸感，體積感加強。

36 完成甜橙的繪製，最後效果如圖。

37 在圖層面板中選擇圖層 1，按下 <Ctrl+J> 快速鍵，複製圖層 1 為圖層 1 拷貝。並將圖層 1 拷貝放置於圖層 1 下。

38 按下 <Ctrl+T> 快速鍵，對圖層 1 拷貝圖像進行自由變形。按下 <Enter> 鍵，確認變形。

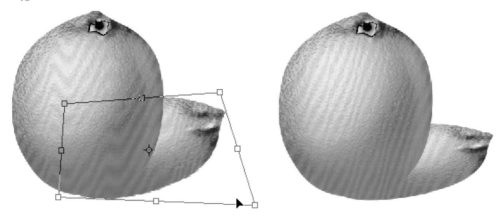

39 接下來設定前景色為 R241、G165、B49，背景色為 R206、G120、B44。

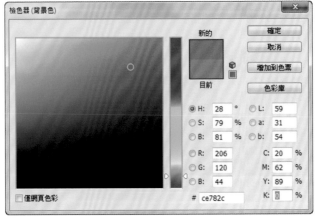

40 在工具箱中選擇漸層工具 ，在工作視窗上方的選項列中選擇前景色到背景色，樣式為線性漸層，模式為正常。

41 按住 <Ctrl> 鍵的同時，在圖層面板中點擊圖層 1 拷貝的縮圖，調出其選區。

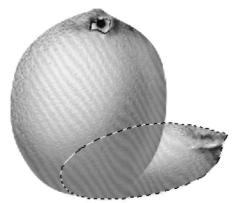

42 運用剛才設定好的漸層工具 ，由上而下拖動滑鼠，以漸層填充圖層 1 拷貝。

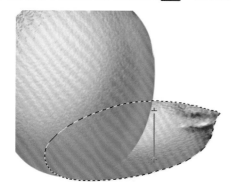
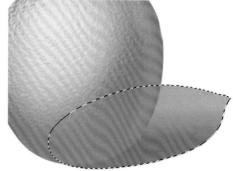

43 在圖層面板中選擇圖層 1 拷貝，在工具箱中選擇多邊形套索工具 ，建立如圖選區。

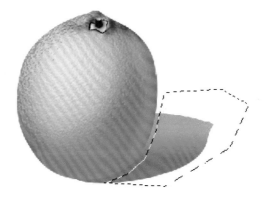

44 按下 <Ctrl+Alt+D> 快速鍵，在彈出的羽化選取範圍對話視窗中，設定羽化強度為 10 像素。點擊確定按鈕，讓選區變得更為圓潤。

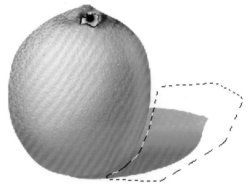

45 執行濾鏡 \ 模糊 \ 高斯模糊指令，在彈出的高斯模糊對話視窗中設定強度為 8 像素。點擊確定按鈕，圖層 1 拷貝圖像變得模糊。

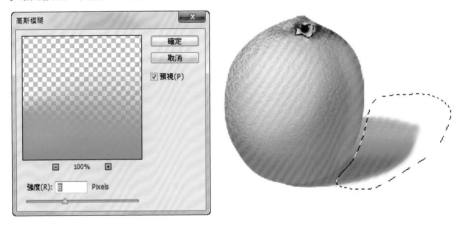

46 在工具箱中任意選擇一種畫面選取工具，移動選區至不同位置。按下 <Ctrl+F> 快速鍵，繼續執行高斯模糊指令。按下 <Ctrl+D> 快速鍵，取消選區。便可完成陰影的製作。

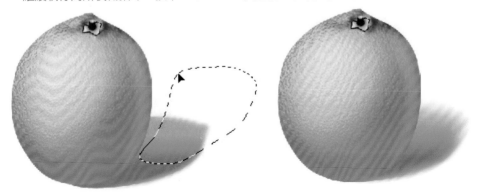

47 在圖層面板中按住 <Shift> 鍵，選取所有圖層，按下滑鼠右鍵，在彈出的快速選單中選擇連結圖層，連結所有圖層。

48 在圖層面板中保持所有圖層為選取狀態。按住滑鼠左鍵，拖曳它們至設計視窗中。

7-3 甜橙的橫切面繪製

1 按下 <Ctrl+N> 快速鍵，另建一個 RGB 色彩模式的新檔案。

2 在工具箱中選擇橢圓選取畫面工具 ，按住 <Shift> 鍵，於文件內繪製一個正圓選區。

3 新增一圖層，並在檢色器中設定前景色 R233、G205、B92，然後按下快速鍵 <Alt+Backspace> 將剛才繪製的正圓選區填充設定的前景色，效果如圖所示。

4 按下 <Ctrl+D> 快速鍵，取消選區。在圖層面板中雙擊圖層 1。在彈出的圖層樣式對話視窗中點擊筆畫選項，在彈出的筆畫對話視窗中設定尺寸為 3 像素，位置為外部，混合模式為正常，顏色為 R246、G115、B3。點擊確定按鈕，為圖形繪製出筆畫。

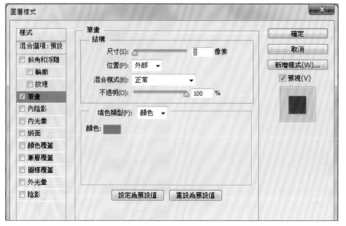

5 執行濾鏡 \ 扭曲 \ 玻璃效果指令，在彈出的玻璃效果對話視窗中設定扭曲為 5，平滑度為 3，紋理為毛面，縮放為 199%。點擊確定按鈕，圖形內部邊緣處出現一些微小的肌理。

6 在圖層面板中雙擊圖層 1，在彈出的圖層樣式對話視窗中點擊陰影選項，並進行如圖設定。點擊確定按鈕，圖像有了陰影效果。

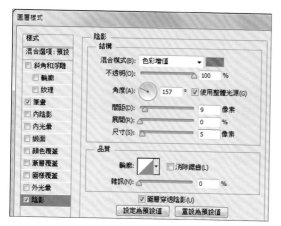

7 在工具箱中選擇鋼筆工具
   ，繪製一片果實的工作
   路徑。

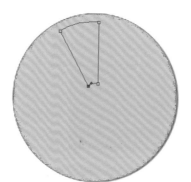

8 按下 <Ctrl＋Enter> 快速鍵，轉換路徑為選區。在圖層面板內新建一個圖層。

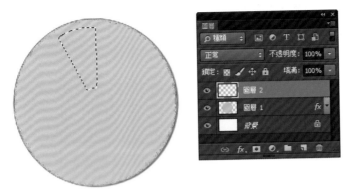

9 設定前景色為 R228、G121、B58，設定背景色為 R245、G193、B82。

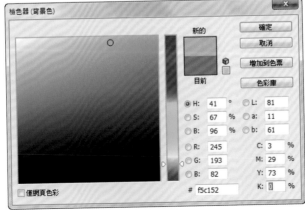

10 在工具箱中選擇漸層工具 ，在工作視窗上方的選項列中設定漸層為前景色到背景色，樣式為放射性漸層，模式為正常。

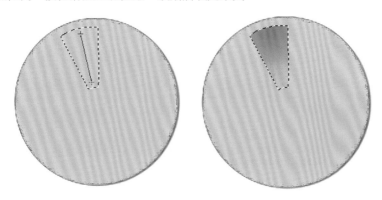

11 在果實選區內，按住滑鼠左鍵拖動，以漸層填充果實。

12 按下 <Ctrl+D> 快速鍵，取消選區。在圖層面板中雙擊果實圖層，在彈出的圖層樣式對話視窗中點擊筆畫選項，進行如圖設定。點擊確定按鈕，繪製出果實的筆畫。

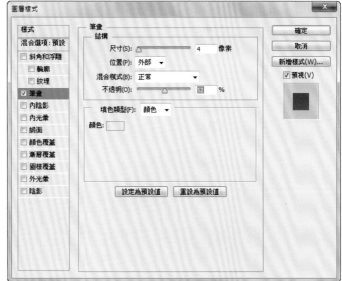

13 執行濾鏡＼像素＼結晶化指令，在彈出的結晶化對話視窗中設定單元格大小為 30。點擊確定按鈕，製作出果粒的效果。

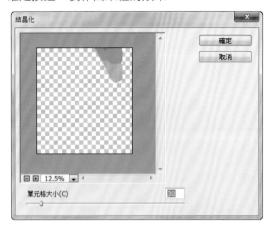 

14 在圖層面板中選擇圖層 2，按下 <Ctrl+J> 快速鍵，進行果實的複製。

15 按下 <Ctrl+T> 快速鍵，對拷貝果實進行自由變形，沿圓形調整好拷貝果實的位置。按下 <Enter> 鍵確認變形。

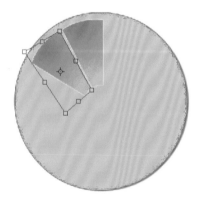 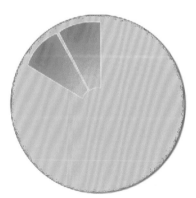

16 同樣的方法複製若干果實，並放置到相對應位置。

17 在工具箱中選擇多邊形套索工具 ，在果實中心繪出如圖選區。

18 設定前景色為淡黃色，在圖層面板中建一個新圖層，按下 <Alt+Delete> 快速鍵，以前景色填充。

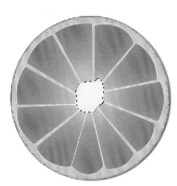

19 保持選取區域，在工具箱中選擇加亮工具 和加深工具 ，對果實中心進行細節塗抹。按下 <Ctrl+D> 快速鍵，取消選區。完成一個橫切面甜橙的繪製。

20 在圖層面板中全選所有圖層，
按下 <Ctrl+E> 快速鍵合併所
有圖層。

21 在圖層面板中選擇合併圖層圖層 3，按下 <Ctrl+J> 快速
鍵，進行複製。

22 按下 <Ctrl+T> 快速鍵對拷貝圖形進行自由變形，按下 <Enter> 鍵確認變形。

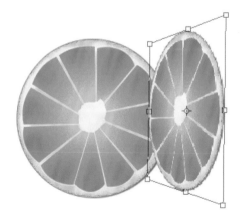

23 在圖層面板中按住滑鼠左鍵並向下拖動，將其放置到圖層 3 之下。

24 切換到甜橙工作視窗，在其圖層面板中選擇圖層 1，將其拖曳至甜橙 2 工作視窗內。

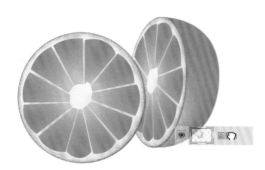

25 按下 <Ctrl+T> 快速鍵，對甜橙進行自由變形。旋轉至水平位置，按下 <Enter> 鍵，確認變形。

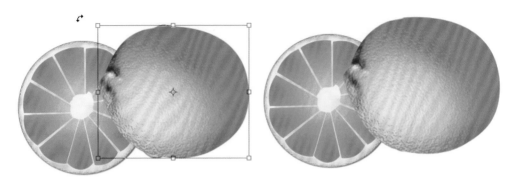

26 在圖層面板中將甜橙圖層圖層 4 拖動至圖層 3 拷貝下，甜橙圖形被放置到了切面圖形的下面。

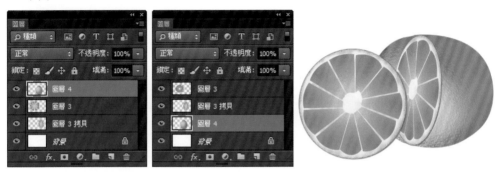

27 在工具箱中選擇橢圓選取畫面工具 ，繪製一個橢圓選區。大小以能選取到覆蓋在切面下的甜橙範圍為准。

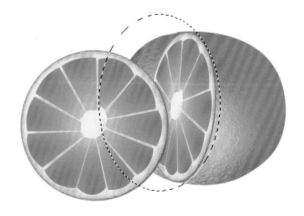

28 在圖層面板中選擇圖層 4，按下 <Delete> 鍵刪除選區部分圖像。

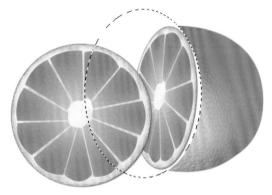

29 按下 <Ctrl+D> 快速鍵，取消選區。再按下 <Ctrl+T> 快速鍵，對圖層 4 圖形進行自由變形。按下 <Enter> 鍵，確認變形。該圖形與切面完美地結合在了一起。

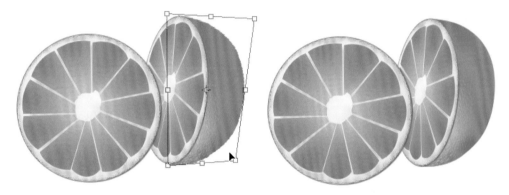

30 按住 <Shift> 鍵，在圖層面板中選擇圖層 3 拷貝和圖層 4，按下 <Ctrl+E> 快速鍵，合併兩圖層。

31 用製作甜橙陰影的方法為兩個切面也製作出陰影，並且放置到設計視窗中如圖位置。

7-4 橙葉的繪製

1 按下 <Ctrl+N> 快速鍵，新建一名為橙葉的 RGB 色彩模式檔案。

2 在圖層面板中點擊新增圖層按鈕 ，於面板內建立圖層 1，按下 <Alt+Delete> 以黑色為前景色填充。

3 設定前景色為黑色、背景色為白色。執行濾鏡\演算上色\雲彩效果指令,工作視窗以雲彩圖像鋪滿。然後,再連續兩次按下 <Ctrl+F> 快速鍵,繼續進行濾鏡\演算上色\雲彩效果指令,雲彩圖像變得愈加複雜化。

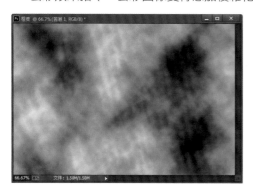
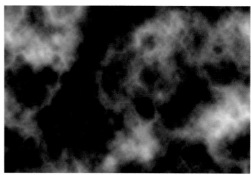

4 執行濾鏡\雜訊\添加雜訊指令,在彈出的增加雜訊對話視窗中設定總量為 30%,點選分佈選項為高斯。點擊確定按鈕,圖像出現了雜點效果。

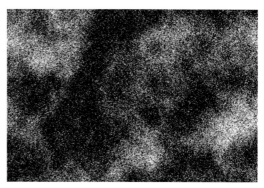

5 執行濾鏡\像素\結晶化指令,在彈出的結晶化對話視窗中設定單元格大小為 15。點擊確定按鈕,圖像中的雜點會以不規則的顆粒所取代。

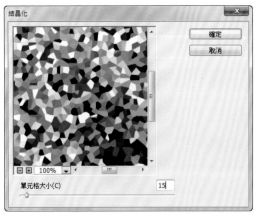

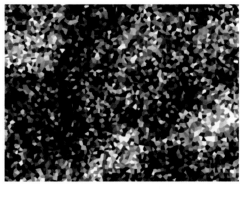

6 執行濾鏡 \ 扭曲 \ 海浪效果指令，在彈出的海浪效果對話視窗中設定波紋大小為 12，波紋強度為 3。點擊確定按鈕，讓顆粒的邊緣變得更不規則。

7 執行選取\顏色\範圍指令,在彈出的顏色範圍對話視窗中移動滑鼠至工具箱中的前景色圖示上,此時游標變成吸管形狀。按下滑鼠左鍵,點擊一下前景色,設定朦朧為200。點擊確定按鈕,圖像中黑色部分被載入選區。

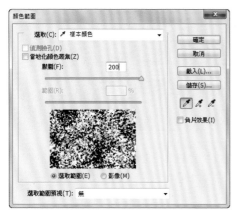

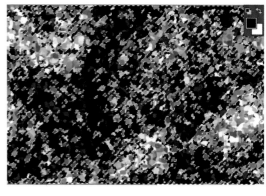

8 按下 <Delete> 鍵刪除選區圖像,按下 <Ctrl+D> 快速鍵取消選區。

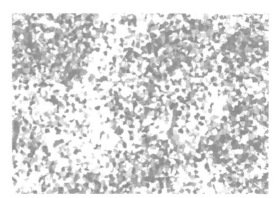

9 在圖層面板中點擊建立新圖層按鈕，新增圖層 2。設定前景色為 R29、G81、B43,按下 <Alt+Delete> 快速鍵,以前景色填充。

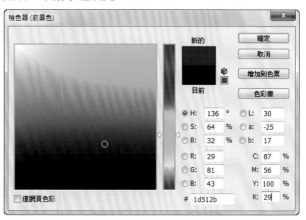

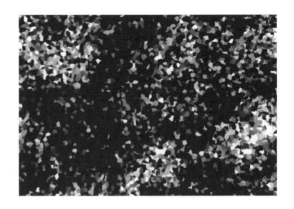

10 在圖層面板中選擇圖層 1，執行濾鏡 \ 銳利化 \ 遮色片銳利化調整指令，在彈出的遮色片銳利化調整對話視窗中設定總量為 200%，強度為 6.0 像素，高反差為 0 臨界色階。點擊確定按鈕，得到如圖效果。

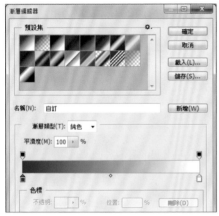

11 執行影像 \ 調整 \ 漸層對應指令，在彈出的漸層對應對話視窗中點擊中間的漸層色方塊，開啟漸層編輯器對話視窗。設定左邊的顏色端點為 R29、G83、B43，點擊確定按鈕。

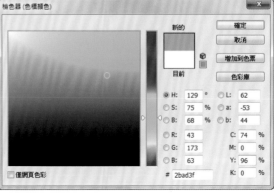

12 在漸層滑軸下方繼續增加一個顏色端點，並設定該顏色端點為 R49、G174、B80。

13 雙擊漸層滑軸最右邊的顏色端點，在彈出的檢色器對話視窗中設定顏色端點為 R169、G207、B90。

14 點擊確定按鈕，完成漸層設定。在漸層對應對話視窗中點擊確定按鈕，圖層 1 將由灰色變成彩色。

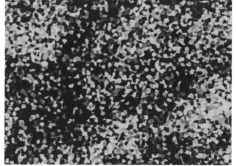

15 執行濾鏡＼雜訊＼增加雜訊指令，在彈出的增加雜訊對話視窗中設定總量為 12%，分佈
為高斯。點擊確定按鈕，圖像中出現了許多雜點。

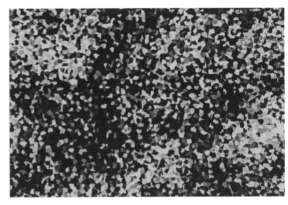

16 在圖層面板中選擇圖層 1、
圖層 2 和背景圖層，按下
<Ctrl+E> 快速鍵合併圖層為
背景圖層。

17 在工具箱中選擇鋼筆工具　，在橙葉工作視窗中
繪製出橙葉的大致輪廓。

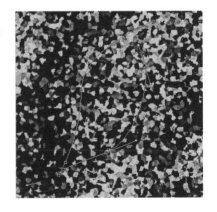

18 按下 <Ctrl+Enter> 快速鍵，轉換路徑為選區。在工具箱中選擇移動工具 ，拖曳選區圖像至設計視窗中。

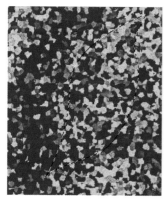

19 在工具箱中選擇鋼筆工具 ，於橙葉輪廓上繪製出主葉脈的工作路徑。

20 在圖層面板中選擇橙葉輪廓圖層 9，並於面板下方按下建立新圖層按鈕 ，在圖層 9 上新建一圖層。

21 按下 <Ctrl+Enter> 快速鍵，轉換路徑為選區。設定前景色為 R3、G71、B21，按下 <Alt+Delete> 快速鍵以前景色填充葉脈。

22 按下 <Ctrl+D> 快速鍵取消選區，於工具箱中選擇鋼筆工具 ，依據橙葉輪廓的走向，勾勒出其餘的支葉脈，以深綠色 R3、G71、B21 填充，放置到畫面合適位置。

23 在圖層面板中按住 <Shift> 鍵，選擇圖層 9 和圖層 10，點擊面板下方的連結圖層按鈕 ，連結圖層。

24 根據畫面需要，複製一片橙葉，放置到畫面合適位置。完成橙葉的繪製。

25 加入文字完成製作。

TIPS ▶

1. 在濾鏡效果玻璃效果對話視窗中，扭曲是用以調整影像的變形程度。扭曲參數值越大，影像扭曲的程度也相對提高，變形越明顯；反之，變形越弱。

當扭曲度較低時，得到如圖效果。

當扭曲度較高時，得到如圖效果。

平滑度是用來影像的平滑程度。平滑度越低，影像越尖銳，變形的密度越大；平滑度越高，其影像越圓潤，越接近於原影像。

當平滑度較低時，影像效果如圖。

當平滑度較高時，影像效果如圖。

在玻璃效果對話視窗中提供畫布、塊狀、毛面和微晶體等四種紋理。每一種紋理都會產生不同的視覺效果，可根據實際需要而進行不同紋理的選擇。

選擇畫布紋理時，產生如圖效果。

選擇塊狀紋理時，圖像效果如圖。

選擇毛面紋理時，產生如圖效果。

選擇微晶體紋理時，產生如圖效果。

2. 在濾鏡中的海浪效果，主要用於影像增加波紋效果。在海浪效果對話視窗中可以對波紋大小及波紋強度進行調整。其中波紋大小是用以調整影像中的波紋的密度。波紋越小，影像中的波紋密度越大；波紋越大，則影像中的波紋密度越小。

當波紋大小數值較低時，產生效果如圖。

當波紋大小數值較高時，產生效果如圖。

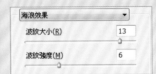

波紋強度則用以調整影像中波紋的強弱對比關係。波紋強度參數值越高，則影像中的波紋效果越明顯，對比越強烈；波紋強度參數值越低，則對比減弱，影像中的波紋效果也相對減弱。

當波紋強度數值較低時，產生如圖效果。

Note

08 明信片

Palace Vision™

有一種感動,世人難忘....
有一種激情,在心中奔騰蕩漾!

本範例是一款明信片設計,畫面色彩簡潔劃一,具有渾厚的古典特色。構圖講究虛實與留白,視覺效果古樸而悠遠。二者相結合,完美的烘托出主題。從中取得了良好的風景區宣傳效果。

 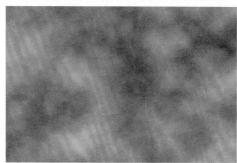

1 執行濾鏡 \ 紋理 \ 紋理化指令製作背景紋理效果

2 執行影像 \ 調整 \ 綜觀變量指令對樓亭圖像進行顏色調整

3 執行濾鏡 \ 銳利化 \ 遮色片銳利化調整指令對圖像進行銳利化處理

4 執行圖像 \ 調整 \ 色階指令,將圖像中灰色加亮

5 執行濾鏡 \ 藝術風 \ 海報邊緣指令,圖像出現黑色線條

6 執行影像 \ 調整 \ 色階指令,圖像中的明暗關係得到了加強

7 選擇銳利化工具的使用,圖像中的小顆粒因銳化而愈加明顯

8 濾鏡收藏館 > 操作繪畫風格的濾鏡特效

 ch08\ ▐ > 德和園 .jpg、紋理 .psd、001.psd、德和園 .psd、ch08.psd

8-1 背景的繪製

1 執行檔案\開啟新檔指令,在彈出的新增對話視窗中設定寬度為 14 公分,高度為 7 公分,解析度為 300 像素/英寸,色彩模式為 CMYK 色彩,點擊確定按鈕,新建一個檔案。

2 暫且將剛才新建的檔案擱置一邊。按下 <Ctrl+N> 快速鍵另建一個新文件紋理,設定色彩模式為 RGB 色彩。

TIPS ▶

這裡之所以設定色彩模式為 RGB 色彩,是因為濾鏡選項中的紋理效果在 CMYK 色彩模式下會顯示為灰色,即不可使用。當色彩模式為 RGB 色彩時,所有濾鏡子效果均會以黑色顯示,即都可使用。

當在 CMYK 色彩模式下,筆觸、紋理、素描、藝術風以及視訊效果等濾鏡效果為不可使用。

當在 RGB 色彩模式下，所有濾鏡效果均為可用。

3 在圖層面板下方點擊新建圖層按鈕 ，新建圖層 1。

4 設定前景色為 R248、G250、B230，背景色為黑色。按下 <Alt+Delete> 快速鍵，以前景色填充圖層 1。

5 執行濾鏡\紋理\紋理化指令，在彈出的紋理化對話視窗中設定紋理為磚紋，縮放為200%，浮雕為 1，光源為頂端，點擊確定按鈕。圖層 1 圖像有了紋理效果。

6 在工具箱中選取鋼筆工具  ，繪製一條直線的工作路徑。

7 在工具箱中選取筆刷工具  ，在工作視窗上方的選項列中設定筆刷為實方 2 像素，模式為正常，不透明為 100%，流量為 100%。

8 設定前景色為 R231、G206、B202，然後在圖層面板中新建圖層 2。

9 開啟路徑面板，點擊面板下方的使用筆刷繪製路徑按鈕 ，繪製出一條粉紅色的直線。

10 利用同樣的方法繪製出若干條直線。在圖層面板的右上角，調整不透明為 68%。

11 在圖層面板中按住 <Shift> 鍵，選擇圖層 1 和圖層 2，執行圖層 \ 群組圖層指令（快速鍵 <Ctrl+G>）群組兩個圖層，並更名為背景。

12 將繪製完成的底紋放入工作視窗中。

8-2 古典建築物圖像的處理

1 執行檔案 \ 開啟舊檔指令，開啟隨書光
碟中的 ch08\ 德和園.jpg。

2 在工具箱中選取鋼筆工具 ，勾勒出古建築物的工作路徑。

3 按下 <Ctrl+Enter> 快速鍵，轉換路徑為選區。

4 按下 <Ctrl+J> 快速鍵，複製選區圖像到新圖層，關閉背景圖層的指示圖層可見度按鈕 。這時在工作視窗中，可更為清楚地看到圖層 1 圖像。

5 執行影像 \ 調整 \ 綜觀變量指令，在彈出的綜觀變量對話視窗中點擊一下原稿，再點擊更多黃色五次，點擊更多紅色一次，更多綠色一次。最後點擊確定按鈕，最終圖像效果如圖。

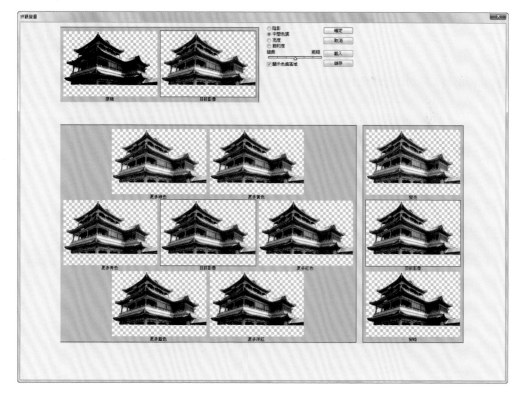

6 在圖層面板中選擇圖層 1，按下 <Ctrl+J> 快速鍵，複製圖層 1 圖像到圖層 1 拷貝。

7 執行濾鏡 \ 銳利化 \ 遮色片銳利化調整指令，在彈出的遮色片銳利化調整對話視窗中設定總量為 500%，強度為 6.0 像素，臨界色階為 0，點擊確定按鈕，圖像銳利化。

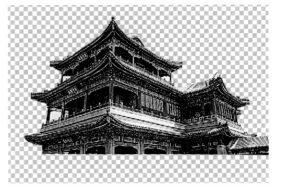

8　執行影像 \ 調整 \ 去除飽和度指令（快速鍵 <Shift+Ctrl+U>），圖像轉換為黑白色彩。

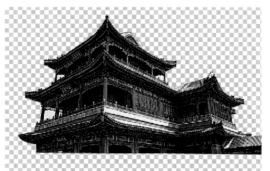 

9　在圖層面板中設定圖層 1 拷貝的混合模式為色彩增值，圖像的輪廓更為鮮明。

10　執行圖像 \ 調整 \ 色階指令（快速鍵 <Ctrl+L>），在彈出的色階對話視窗中調整灰色端點的輸入色階為 3.13，點擊確定按鈕將圖像中灰色加亮。

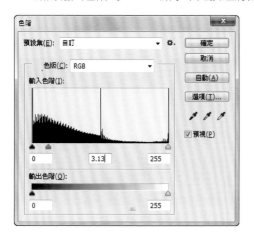 

11 在圖層面板中選擇圖層 1 和
圖層 1 拷貝，按下 <Ctrl+E>
快速鍵合併圖層。

12 執行濾鏡 \ 模糊 \ 智慧型模糊指令，在彈出的智慧型模糊對話視窗中設定強度為 5.0，
高反差臨界值為 30.7，品質為低，模式為正常。點擊確定按鈕，圖像變得模糊。

13 在圖層面板中，選擇圖層 1 拷
貝，按下 <Ctrl+J> 快速鍵，
複製圖層 1 拷貝為圖層 1 拷貝
2。

14 執行濾鏡\藝術風\海報邊緣指令，在彈出的海報邊緣對話視窗中設定邊緣粗細為 0，邊緣強度為 1，色調分離為 6。點擊確定按鈕，圖像中顏色變化的邊界上出現黑色線條。

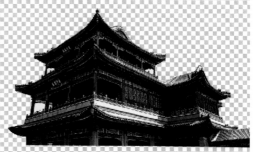

15 執行圖像\調整\色階指令（快速鍵 <Ctrl+L>），在色階對話視窗中設定輸入色階為 0、0.92、216。點擊確定按鈕，圖像對比變強。

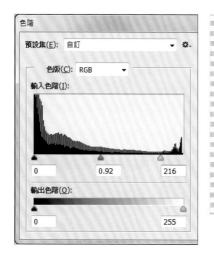

16 確定前景色為淡紅色，執行濾鏡\素描\邊緣撕裂指令，在彈出的邊緣撕裂對話視窗中設定影像平衡為 14，平滑度為 4，對比為 10。點擊確定按鈕，圖像變為黑白素描效果。

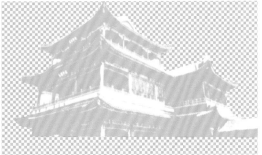

17 在圖層面板中設定圖層 1 拷貝 2 的混合模式為柔光，圖像效果如圖所示。

18 在圖層面板中選擇圖層 1 拷貝圖層，按下 <Ctrl+J> 快速鍵，複製圖層 1 拷貝為圖層 1 拷貝 3，並放置於圖層的最上端。

19 執行影像 \ 調整 \ 曲線指令，在彈出的曲線對話視窗中調整曲線如圖。點擊確定按鈕，
圖像色彩變得更為鮮明。

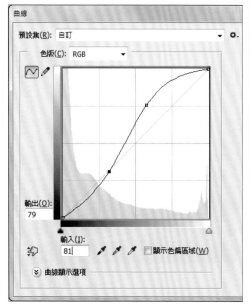

20 執行濾鏡 \ 藝術風 \ 水彩指令，在彈出的水彩對話視窗中設定筆觸細緻度為 13，陰影強
度為 0，紋理為 1。點擊確定按鈕，建築圖像有了水彩效果。

21 執行影像\調整\曲線指令，在彈出的曲線對話視窗中調整曲線如圖。點擊確定按鈕，
圖像的水彩效果會更為突出和透明。

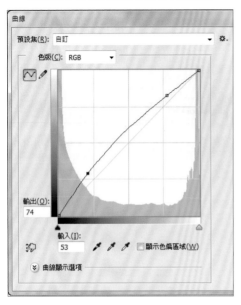

22 在圖層面板中，設定圖層 1 拷貝 3 的混合模式為覆蓋。

23 在圖層面板中按住 <Shift> 鍵
的同時，選擇圖層 1 拷貝 3，
圖層 1 拷貝 2 和圖層 1 拷貝。
按下 <Ctrl+E> 快速鍵，合併
圖層。

24 在圖層面板中選擇合併圖層圖層 1 拷貝 3，執行影像 \ 調整 \ 色相 / 飽和度指令，在彈出的色相 / 飽和度對話視窗中勾選上色選項，設定色相為 45，飽和度為 40，明亮為 +14。點擊確定按鈕，讓圖像顏色變得簡單。

25 執行影像 \ 調整 \ 色階指令（快速鍵 <Ctrl+L>），在彈出的色階對話視窗中設定輸入色階為 6、0.96、146。點擊確定按鈕，圖像色彩變得更為鮮亮，對比加強。

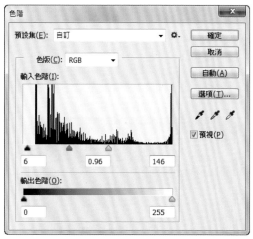

26 將繪製完成的德和園放入頁面檔案內。

TIPS ▶

在水彩對話視窗中，可以透過對筆觸細緻度、陰影強度以及紋理等選項進行調整而獲得不同的水彩效果。筆觸細緻度是用來調整圖像效果的細膩程度。筆觸細緻度越高，圖像越趨向真實；筆觸細緻度越低，則圖像越抽象。當筆觸細緻度偏低時，圖像效果如圖。

當筆觸細緻度偏高時，圖像效果如圖。

陰影強度主要用來調整圖像中陰影部分的明暗關係，陰影強度越大，圖像中的陰影部分越暗。當陰影強度偏大時，圖像中的陰影部分變暗，範圍擴大。

當陰影強度偏低時，圖像效果如圖。

紋理是用來調整圖像中紋理的密度。紋理的數值越高,圖像中的紋理密度越大,紋理越多;紋理的數值越低,其紋理密度就越小,紋理越少。

當紋理數值較大時,圖像中的紋理較多。

當紋理數值較小時,圖像中的紋理相對較少。

8-3 舊圖片網底的處理

1 按下 <Ctrl+N> 快速鍵，另開啟一個 RGB 色彩模式的新檔案。

2 設定前景色為 R156、G143、B83，背景色為 R202、G196、B150。

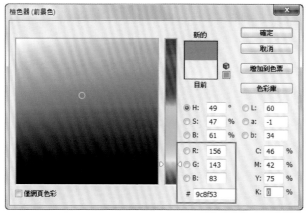

3 執行濾鏡\演算上色\雲狀效果指令，製作出不規則的雲狀效果。多次按下 <Ctrl+F> 快速鍵，重複上次濾鏡操作，直到獲得滿意的雲狀效果。

4 在圖層面板中點擊面板
下方的建立新填色或調
整圖層按鈕 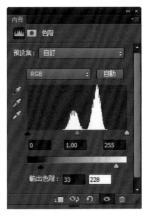，在其下
拉功能選項中，選擇色
階選項。在彈出的色階
對話視窗中，設定輸出
色階為 33、228。

5 點擊確定按鈕，圖像中的雲狀效果稍微加強，在圖層面板中產生了新的效果圖層。

6 在圖層面板中點擊面板下方的建立新填色或調整圖層按鈕
，在其下拉功能選單中，選擇色相 / 飽和度選項，在
彈出的色相 / 飽和度對話視窗中，勾選上色選項，設定色
相為 59，飽和度為 24，明亮為 -17。

7 點擊確定按鈕，在圖層面板中產生了新的效果圖層，圖像效果如圖。

8 在圖層面板下方，點擊建立新填色或調整圖層按鈕 ，在下拉功能表中選擇曲線選項，在彈出的曲線對話視窗中調整曲線如圖。

9 點擊確定按鈕，在圖層面板中建立曲線效果圖層，圖像中的明暗效果得到了加強。

10 在圖層面板中選擇背景圖層，按下 <Ctrl+J> 快速鍵，複製背景到背景拷貝。

11 按下 <Ctrl+T> 快速鍵，執行自由變形指令。按住滑鼠左鍵並拖動封套的一個控制點，放大圖像。按下 <Enter> 鍵，確認變形。

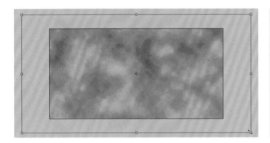 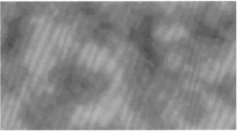

12 執行濾鏡 \ 雜訊 \ 增加雜訊指令，在彈出的增加雜訊對話視窗中，設定總量為 1.55%，分佈為高斯。點擊確定按鈕，圖像中將會出現許多雜點。

 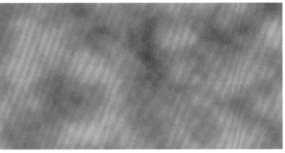

13 在圖層面板中點擊下方的新建圖層按鈕 ，新建圖層 1。執行濾鏡\演算上色\雲狀效果指令，以不規則的雲狀效果填充圖層 1，並移動圖層 1 至圖層頂端。

14 執行影像\調整\色階指令，在色階對話視窗中，設定輸入色階為 62、1.00、189，點擊確定按鈕，圖像中的明暗關係得到了加強。

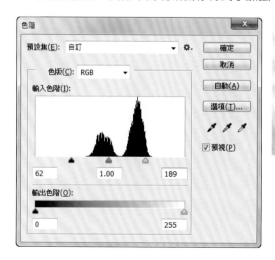

15 執行濾鏡 \ 扭曲 \ 擴散光暈指令，在彈出的擴散光暈對話視窗中，設定粒子大小為 10，
光暈量為 1，清除量為 17。點擊確定按鈕，圖像中的亮部擴大。

16 執行濾鏡 \ 扭曲 \ 波形效果
指令，在彈出的波形效果對
話視窗中，設定產生器數目
為 10，波長最小為 34，波
長最大為 146，振幅最小為
15，最大為 52；縮放水平
為 19%，垂直為 15%，類型
點選正方形選項，點擊確定
按鈕，圖像中產生波形效果。

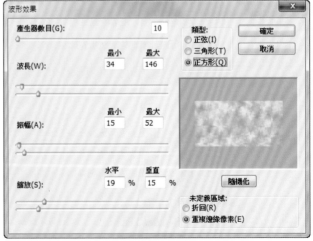

17 在圖層面板中設定圖層 1 的混合模式為加深顏色，這樣圖層 1 與下面的圖層得以協調合成。

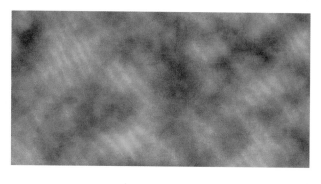

18 在圖層面板中，按住 <Shift> 鍵的同時，點擊圖層 1 和背景 拷貝圖層，選擇所有圖層。按 下 <Ctrl+E> 快速鍵，合併圖 層。

19 在工具箱中選取套索工具 ，於圖層 1 圖像上繪製一個選區。

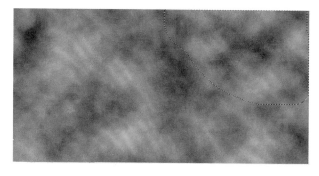

20 按下 <Ctrl＋Alt＋D> 快速鍵，在彈出的羽化選取範圍對話視窗中，設定羽化強度為 60 像素。點擊確定按鈕，選區變得圓潤。

21 在工具箱中選擇移動工具 ，拖動選區圖像至 05-2 檔案內。調整好其大小、位置。效果如圖。

22 在工具箱中選擇橡皮擦工具 ，在工作視窗上方的選項列中設定筆刷為實圓 1200 像素，不透明為 26%。於圖層 2 圖像上，按下滑鼠左鍵，刷淡圖像。

23 在圖層面板中選擇圖層 2，設定其混合模式為色彩增值，填滿為 78%。

24 在工具箱中選擇橡皮擦工具 ，對圖層 2 進行局部擦除。其最終效果如圖。

25 在工具箱中選擇銳利化 ，對圖層 2 進行局部塗抹，圖像中的小顆粒因銳化而愈加明顯。

26 同樣的方法，繪製出圖像左上角和右下角的底紋。完成效果如圖。

8-4 剪輯文字的繪製

1 在工具箱中選擇水平文字工具 ，在工作視窗上方的選項列中，設定字體為金梅毛草書，字級為 95.2 點。文字顏色為 R236、G202、B205，輸入文字「龍」。

2 執行圖層\點陣化\文字指令，轉換文字圖層為一般圖層。

3 按住 <Ctrl> 鍵的同時，點擊「龍」的縮圖，調出其選區。

4 執行選取\修改\擴張指令，在彈出的擴張選取範圍對話視窗中，設定擴張為 8 像素。點擊確定按鈕，選取擴大。

5 設定前景色為 R236、G202、B205，按 下 <Alt+Delete> 快速鍵，在原圖層上填充選區。

6 按下 <Ctrl+D> 快速鍵，取消選區。在圖層面板中選擇圖層 2，按下 <Ctrl+J> 快速鍵，複製圖層 2 為圖層 2 拷貝，並放置於龍圖層之上。

7 按住 <Ctrl> 鍵的同時，點擊「龍」的縮圖，調出其選區。

8 執行選取 \ 修改 \ 擴張指令，在彈出的擴張選取範圍對話視窗中設定擴張為 8 像素。點擊確定按鈕，選取擴大。

9 設定前景色為 R236、G202、B205，按下 <Alt+Delete> 快速鍵，在原圖層上填充選區。

10 按下 <Ctrl+D> 快速鍵，取消選區。在圖層面板中選擇圖層 2，按下 <Ctrl+J> 快速鍵，複製圖層 2 為圖層 2 拷貝，並放置於龍圖層之上。

11 按住 <Alt> 鍵的同時，在圖層 2 拷貝圖層與龍圖層的交界處，按下滑鼠左鍵。圖層 2 拷貝圖像被「龍」圖層剪輯。

12 選擇龍圖層按下 <Ctrl+U> 快速鍵，在彈出的色相 / 飽和度對話視窗中，勾選上色複選項，設定色相為 354，飽和度為 25，明亮為 0。點擊確定按鈕，圖像「龍」被弱化。

8-5 主題文字的製作

1 按下 <Ctrl+N> 快速鍵，另開啟一個新檔案。

2 在工具箱中選取文字工具 ，在工作視窗上方的選項列中設定字體為 Times new Roman，字級為 72 點，設定文字顏色為 R185、G63、B34，輸入文字「V」。

3 調整字級，分別輸入文字「ision」，並進行如圖放置。

4 按住 <Shift> 鍵，全選所有圖層。按下 <Ctrl+E> 快速鍵，合併所有文字圖層。

5 在工具箱中選取矩形畫面工具 ，在圖像上繪製一矩形選框，按下 <Delete> 鍵，刪除選區內的圓點。

Vision Vision

6 按下 <Ctrl+D> 快速鍵，取消選區。於工具箱中選取橢圓畫面工具，按住 <Shift> 鍵，繪製一個比剛才加點更大的橢圓選區，按下 <Alt+Delete> 快速鍵，以剛才設定好的前景色填充。

Vision Vision

7 按下 <Ctrl+D> 快速鍵，取消選區。在工具箱中選擇矩形選取畫面工具，繪製一個矩形選區。設定前景色為 R195、G156、B147，在圖層面板中建立一新圖層，按下 <Alt+Delete> 快速鍵，使用前景色填充。

8 按下 <Ctrl+D> 快速鍵，取消選區。運用矩形選取畫面工具，繪製一個較小的矩形選框，按下 <Delete> 鍵，刪除選區內圖像。

9 保持剛才選取區域，按住 <Shift> 鍵，向右水平移動選區，按下 <Delete> 鍵，刪除選區內圖像。反覆進行此項操作，最終完成結果如圖。

10 移動圖層 1 至文字圖層之下，圖像效果如圖。

11 運用前面所講過的方法使用筆刷繪製路徑，最後完成效果如圖。

9   電玩特效處理

本章主要練習結合各種濾鏡及特效的應用，製作出精彩的電玩視覺特效。本範例中主要為建立一個天空的光影特效背景，將電玩角色襯托的更為酷炫。

▼ 原 始 素 材

▼ 關 鍵 技 巧

1 執行濾鏡 \ 素描 \ 立體浮雕指令製作背景雲效果

2 透過混合模式修改雲的顏色

3 執行濾鏡 \ 扭曲 \ 旋轉效果指令製作光環

4 執行編輯 \ 變形 \ 透視指令，變形態光環形狀

5 增加漸層填色調整圖層製作光束

6 調整色階和色相飽和度是人物與畫面融合

 ch09\ 📁 >girl.psd、雲 .psd、ch09.psd

9-1 背景的繪製

9-1-1 檔案的建立

1 首先執行檔案\開新檔案指令（快速鍵 <Ctrl+N>）建立一個新檔案。這就是畫面需要的天空大小，高度為 12.7 公分，寬度為 10.06 公分，解析度為 200 像素 / 英寸，背景定為白色，色彩模式則可以根據自己喜好和圖片用途進行調整。將其命名為天空，並點選確定按鈕。

2 這時便可以開始天空的製作，不過在此之前，應該先將剛剛建立的天空文件存檔，執行檔案\儲存檔案指令（快速鍵 <Ctrl+S>），將文件存入電腦。

9-1-2 天空底色的製作

1 在背景圖層中使用漸層工具 ▢（快速鍵 <G>）對底層填充一個由藍到白的漸色，用以作為天空的底色。選取漸層工具 ▢，點選工具列上方的顏色條 ▬▬▬ ▾ ，調出漸層編輯器面板。

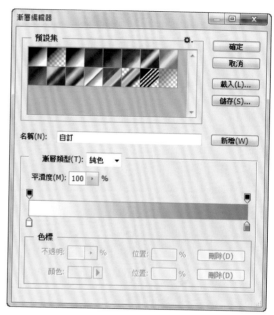

2 在預設集中選擇前景到背景的漸層色模式。

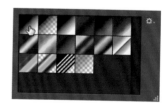

3 在下方的滑塊上可調整前景與背景的顏色，以及調整漸層的顏色效果。

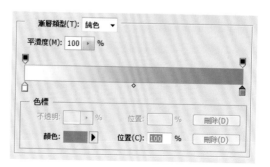

4 填充一個由右下至左上的藍白漸層效果。

5 填充一個由右下至左上的藍白漸層效果。

TIPS ▶

如果填滿後的效果並不滿意，可以用變形指令對背景上的漸層的形狀進行調整。但是我們現在所使用的圖層中，背景是處在一個鎖定狀態，必須對背景層進行解鎖才能繼續對形狀進行修改。

6 由於背景層預設的是鎖定模式，於是雙擊圖層面板中的背景圖層，可彈出一個新增圖層對話方塊。仍然將圖層的名稱命名為「背景」並按確定按鈕。這樣，背景層就成為了一個普通的單獨圖層，可以對其上的漸層色進行變形修改了。

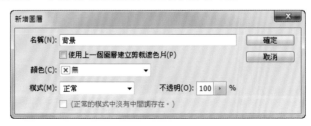

7 執行編輯\任意變形指令（快速鍵 <Ctrl+T>），調整畫面邊界上控制點的位置，直到把畫面拉扯到一個我們滿意的尺寸。這樣，天空的底色就算完成了，接下來需要豐富天空上的內容。

9-1-3 雲的製作

1 執行圖層\新增\圖層指令（快速鍵 <Shift+Ctrl+N>）新建一個圖層，在彈出的對話方塊中命名為雲。

2 點選預設前景和背景色 （快速鍵 <D>），讓前景色和背景色回到黑白狀態。

3 在新圖層雲上，執行濾鏡\演算上色\雲狀效果指令。這樣便得到了一層雲狀效果，不過這還不是我們所要的雲層效果。

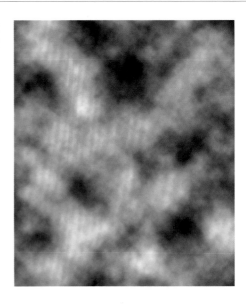

4 繼續調整，執行影像\調整\色階指令，調整雲圖層的色階，讓雲的黑色反差加大一點。在輸入色階欄位的數值設定為 22、0.81、231。

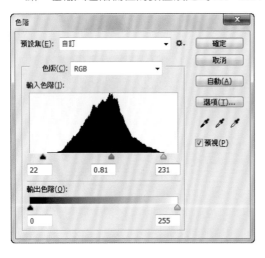

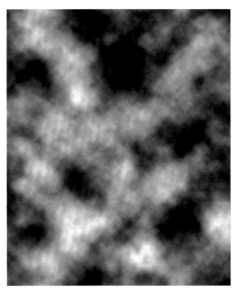

5 然後，執行濾鏡＼素描＼立體浮雕指令開啟要用的立體浮雕面板，在面板中可以透過細部與平滑度的選項滑塊來調整畫面的整體效果，透過改變光源參數值來改變畫面的投影方向，並且可以透過左邊的預視視窗觀察到圖像變化的情況，最後得到效果如圖，具體參數如圖所示。

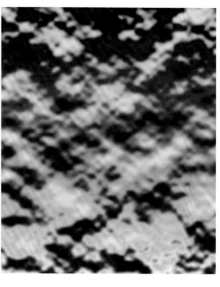

6 再執行編輯＼任意變形指令（快速鍵 <Ctrl+T>）對雲進行大小的調整，讓最滿意的效果留在畫面中。

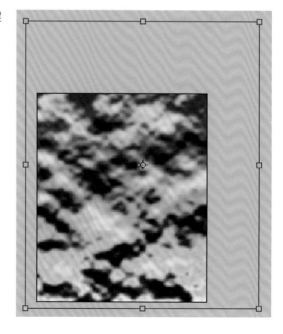

7 執行圖層＼圖層樣式＼混合選項指令，改變圖層雲的圖層混合模式，將混合模式由正常改為濾色。

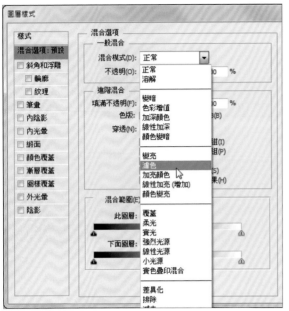

TIPS ▶

當然也可以直接在圖層面板裡更改，兩種方法都可以得到類似效果。

8 這時雲在畫面上變得真實起來，再點選橡皮擦工具 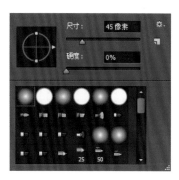（快速鍵 <E>）並在筆刷清單中選擇噴筆筆刷。

9 使用橡皮擦工具 擦去雲層上的一部分，讓雲的層次更為自然。

10 最後，得到完成的雲。

9-1-4 光環的製作

1 當然天空中單獨只有雲還是不夠的，還得加入更多的元素讓整體看起來更豐富。接下來在天上製作一個光環效果。

2 新建一個圖層，然後執行編輯\填滿指令（快速鍵 <Shift+F5>）為其填滿一個淡淡的藍色。這一層將作為光環的底層色。

3 接著，選用矩形工具 （快速鍵 <U>），在新圖層上繪製出一些橫向的紋線。

TIPS ▶

使用矩形工具 時，因為我們只是需要一些有色彩的方塊，所以在屬性列中選擇填滿像素工具
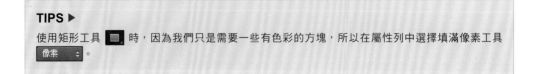 。

4 在圖層 2 上繪製出如圖類似效果的圖案，做出上方較深、下方較淡的大體感覺。先鋪上一些大色塊。

5 再開始加入一些亮色。

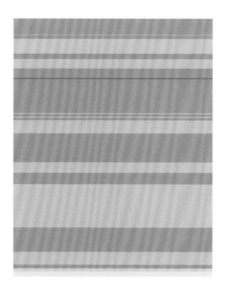

6 最後加入暗色和細的條紋。

7 現在，先執行濾鏡＼扭曲＼旋轉效果指令，在旋轉效果面板中選取矩形到旋轉效果選項，然後按下確定按鈕檢視大致的效果。

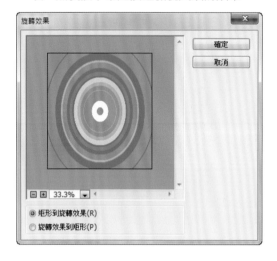
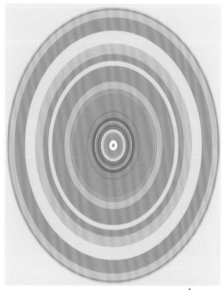

這就是所謂的光環大致效果了。當然，這樣的光碟並不好看，我們先回到上一步。

8 執行編輯＼後退指令（快速鍵 <Alt＋Ctrl＋Z>）或者執行視窗＼步驟記錄指令，調出步驟記錄面板來回到上一步。

9 執行圖層＼新增＼圖層指令（快速鍵 <Shift＋Ctrl＋N>）新建一個圖層，系統預設名為 圖層 3。

10 在圖層 3 中繼續使用矩形工具  來繪製出一些小的零散的小矩塊來。大致上分佈平均點，不過因為將要使用到的旋轉效果濾鏡的關係，越下方的方塊會被拉得越長，所以繪製時需要視情況對一些矩形做如圖微細調整。

11 現在，再對圖層 2 和圖層 3 分別使用執行濾鏡 \ 扭曲 \ 旋轉效果指令。

TIPS ▶

因為上次已經有執行過一次這個濾鏡，這次我們就可以方便的使用濾鏡選項下的上一次濾鏡功能來重做最近一次使用的濾鏡。如果沒有這一項，或者需要對濾鏡進行重新調整的話，還是執行濾鏡 \ 旋轉效果（快速鍵 <Ctrl+F>）來重新調整吧。

12 在圖層面板上將圖層 3 的混合模式改為濾色。

13 感覺圖層 3 上的光斑過亮了，需要調整圖層 3 的色相 / 飽和度。執行影像 \ 調整 \ 色相 / 飲和度指令（快速鍵 <Ctrl+U>），在彈出的對話方塊中將色相調整為 +24，飽和度為 +15，明亮為 -13。

14 現在光環效果就基本完成了，接下來將它放進背景中去。先關閉背景與雲圖層的  可視選項，然後執行圖層 \ 合併可見圖層指令（快速鍵 <Shift+Ctrl+E>）將圖層 3、圖層 2 及圖層 1 合併起來。

15 使用橢圓選取畫面工具 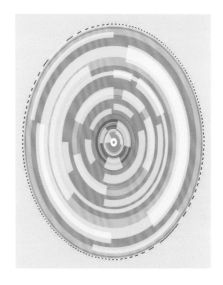（快速鍵 <U>），在
圖層 1 上做好的圓為中心，繪製出一個橢圓形的
選擇區。

16 執行選取\反轉指令（快速鍵 <Ctrl+Shift+I>）反選區域，然後按 <Delete> 鍵將不要
的部分刪除掉。

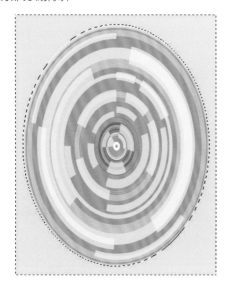

17 執行編輯 \ 任意變形（快速鍵 <Ctrl+T>）指令，把剛剛做好的光環縮小到適當大小，並旋轉到如圖角度。

18 為了做出透視的效果，再次執行編輯 \ 變形 \ 透視指令，按物理的透視原理大致將光碟拉出一個透視角度。

19 此時，將圖層 1 的混合模式改為濾色。

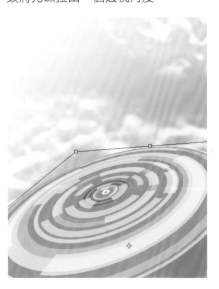

20 對圖層 1 的色階及色相 / 飽和度進行進一步的調整，執行圖像 \ 調整 \ 色階指令（快速鍵 <Ctrl+L>）讓光環變得更加柔和。在彈出的面板中輸入色階設定為：81、0.66、255。

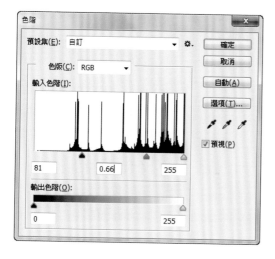

21 執行圖像 \ 調整 \ 色相 / 飽和度指令，在彈出的面板中設定色相為 +1，飽和度為 -15，明亮為 +18。

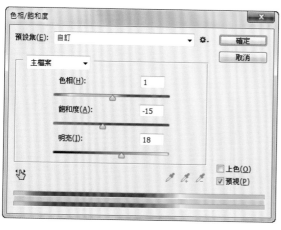

22 再在圖層面板中將圖層 1 的填滿參數值降至 80%。

23 最後執行圖層＼圖層樣式＼外光暈指令調出圖層 1 的圖層樣式面板，為其增加一個外光暈，參數設定如圖。如此光環便整合在背景中了。

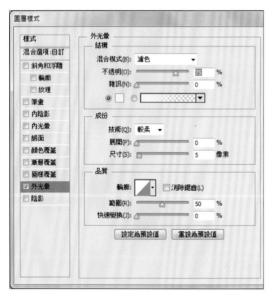

9-1-5 光柱的製作

為了讓這張背景更有天空的感覺，再給它增添幾柱光柱。

1 點選圖層面板的建立新增填色或調整圖層  按鈕。

2 在其彈出的選單中，選擇漸層選項。

3 在漸層填色面板中將漸層的顏色定為由不透明的白色向透明的白色漸層，樣式使用預設的線性，角度調整為 -50 左右，也就是由畫面的左上向右下漸層的角度，縮放也用預設的 100%，點選確定按鈕。

4 經過調整，畫面呈現出一大塊漸色白光。

5 使用畫筆工具 （快速鍵 <B>），並將顏色調為黑色，然後在剛剛建立的漸層填色層上刷出幾道光縫出來。

9-1-6 光斑的製作

現在，天空基本上已完成了。為了活躍一下天空的氣氛，為畫面再加入幾個白色的光斑。

1 新建一個圖層，並讓新圖層處在所有圖層之上，然後關掉其他不用的圖層以方便觀察。這次，直接用畫筆工具 （快速鍵 <B>）在畫面上繪製出一些白點。

2 執行圖層 \ 圖層樣式 \ 外光暈指令開啟圖層樣式面板，再為這些白點增加一個外光暈，以便讓它們更亮，參數設定如圖。

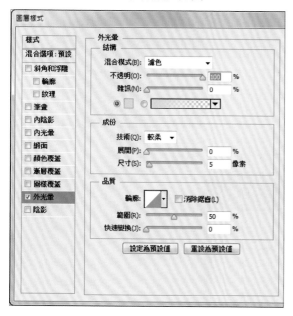

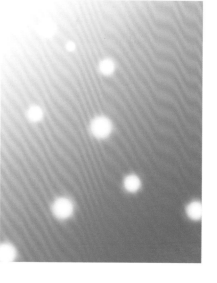

3 最後，顯示所有圖層，如圖天空背景就完成了。

9-2 前景人物的融入

1 首先，執行檔案 \ 開啟舊檔指令來調出已經做好的主角人物。人物檔可以參考本書附贈
光碟目錄中的 ch09\girl.psd。

2 將除背景以外的所有圖層合併為人物圖層。

3 用移動工具 ![移動工具]（快速鍵 <V>）拖動主角移到背景所在的文件上。

4 這時因為兩張圖解析度的大小不同，所以主角
顯得特別大，執行編輯 \ 任意變形指令（快速
鍵 <V>），將主角縮小到如圖適當的大小。

TIPS ▶

在縮放圖像大小時，為了保持主角圖像原有的長寬比，不使人物變形，可以按住鍵盤的 <Shift> 鍵再
進行縮放，這時的縮放就是等比縮放而不用擔心變形了。

在主角人物加入到背景圖時，人物的解析度要盡可能的高於或等於背景圖，因為在這種情況下，放大
畫面會對圖像品質產生相當大的影響。所以，盡量只對圖像作縮小變動而避免放大。

5 將主角在背景中擺放好位置之後，不難看出它的色彩和淡藍色的背景並不融合。於是，
先對主角的色彩進行修改。

6 執行影像 \ 調整 \ 色階指令（快速鍵 <Ctrl+L>）對色階進行調整，在彈出的面板中輸
入色階欄數值設定為：0、0.84、235。

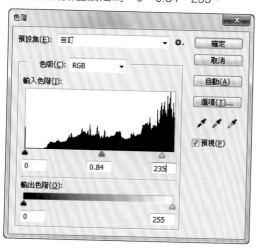

7 對圖像的色彩平衡和色相 / 飽和度也進行調整，找到最能搭配背景的色調。執行影像 \ 調整 \ 色彩平衡指令（快速鍵 <Ctrl＋B>）開啟色彩平衡面板，調整亮部的顏色色階數值為：-13、＋13、＋17。

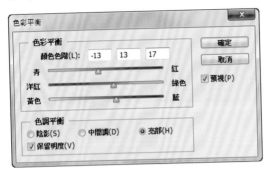

8 執行影像 \ 調整 \ 色相 / 飽和度（快速鍵 <Ctrl＋U>）開啟色相 / 飽和度面板，調整色相為 -6，飽和度為 -19，明亮為 0。

9 經過反覆的調整，確定了主角偏淡、偏泛白的色調

10 現在，可以調整一下圖層的前後次序，將人物這一圖層拖至圖層 3 也就是光斑圖層的下方，這樣看起來，人物就更加融入背景了。

11 調好圖層順序後，前面的光斑又太耀眼了，擋住了一部分人物，將人物層複製一份出來。執行圖層\複製圖層指令彈出複製圖層面板，預設新圖層名為 人物 拷貝。

TIPS ▶

還有一個方法，直接將要複製的人物圖層拖動至圖層面板的建立新
圖層按鈕 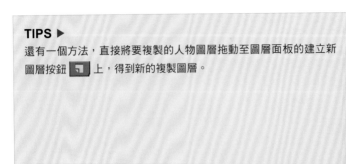 上，得到新的複製圖層。

12 將新拷貝出來的圖層拖動到圖層 3 上
邊，並將它的填滿調整至 39%。

13 現在看來，光斑柔和了很多，不過光有
主角人物感覺還是不夠，畫面還有些僵
硬。再對人物圖層做一次拷貝，並把新
拷貝出來的圖層命名為人物陰影，然後
將這層拖到原人物層之下。

14 對人物陰影層執行濾鏡 \ 模糊 \ 高斯模糊指令。在彈出的高斯模糊面板中,只需要調整控制強度滑塊來得到我們需要的效果。這裡將模糊強度設定為 9.7 像素。

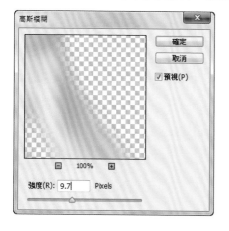

15 這樣,就得到了一圈籠罩在人物週邊的模糊的效果,繼續執行編輯 \ 任意變形指令(快速鍵 <Ctrl+T>)將人物陰影圖層稍微放大,加強這一效果。

TIPS ▶

放大時可以按住 <Alt> 鍵,這時系統將把變形預設以中心基點變形,方便控制,當然,也可以同時按住 <Shift> 和 <Alt> 鍵,這時的變形則是以中心為基點的等比變形。

16 調整好人物陰影圖層後，又對這一層的顏色作適當的修改。執行影像 \ 調整 \ 色階指令
（快速鍵 <Ctrl+L>）在彈出的面板中輸入色階欄的數值設定為：20、0.69、250。

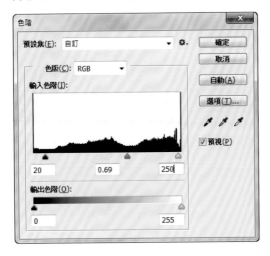

17 執行影像 \ 調整 \ 色相 / 飽和度指令（快速鍵 <Ctrl+U>），然後在彈出的面板中設定色
相為 -8，飽和度為 +4，明亮為 -2。

18 執行影像 \ 調整 \ 色彩平衡指令（快速鍵 <Ctrl＋B>），在彈出的面板中設定亮部的顏色色階為 +23、-15、-9。

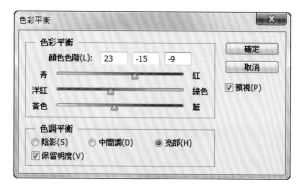

經過多次調整，最後將人物陰影圖層調到了一偏暖色調的顏色，這樣能更好的襯托出前景人物。到這裡，本節基本上就介紹完畢了。當然，完成的是大致做到人物和背景的協調，不能說是盡善盡美。如果您還想做得更細，不妨多花點時間繼續去研究、調整囉！

10 展板製作

本章為街舞大賽展板製作，文案內容簡單明瞭，色彩鮮艷富有視覺衝擊力，展現了街舞大賽的火熱與勁爆感覺。

▼ 原 始 素 材

▼ 關 鍵 技 巧

1 利用色階面版和色彩平衡面版調整圖像的顏色
2 利用筆刷工具製作光芒
3 設定光點筆刷
4 執行濾鏡 \ 演算上色 \ 雲狀效果指令製作煙霧效果
5 對文字增加圖層樣式效果

 ch10\ 📁 >001.jpg、002.jpg、ch10.psd、文案 .txt

10-1 人物的製作

1 執行檔案\開啟舊檔指令,在彈出
的開啟舊檔對話方塊中開啟隨書光
碟中的 ch10\001.jpg 檔案。

2 執行檔案\開啟舊檔指令,開啟隨
書光碟中的 ch10\002.jpg 檔案。選
取工具箱中的魔術棒工具 ,在
屬性列中設定容許度為 20,選取人
物背景處。

3 執行選取\反轉指令選取人物,將其複製到 001.jpg 檔案內,效果如圖。

4 選取圖層 1，按 <Ctrl+B> 鍵調出色彩平衡對話方塊，設定顏色色階為 0、0、-30，點
擊確定按鈕。

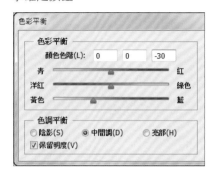 

5 按 <Ctrl+L> 鍵調出色階對話方塊，設定輸入色階為 0、1.20、255 ，點擊確定按鈕。

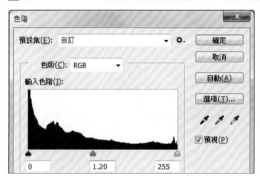 

6 載入人物的選區，執行選取 \ 修改 \ 擴張指令，在彈出的擴張選取範圍對話方塊中設定
擴張為 30 像素，點擊確定按鈕。

7 執行選取 \ 修改 \ 羽化指令，在彈出的羽化選取範圍對話方塊中設定羽化強度為 30 像素，點擊確定按鈕。

8 在圖層 1 下方新建一個圖層，為路徑填充顏色為白色。

9 在圖層 2 下方新建一個圖層，選取工具箱中的橢圓選取畫面工具 ，在屬性列中設定羽化為 10px，在圖層繪製一個圓形。

10 將圖層不透明度改為 90%，為其填充顏色為黑色。

11 按 <Ctrl+T> 鍵調出任意變形控制框，旋轉陰影角度如圖並按 <Enter> 鍵確認操作，作為鞋子的陰影。

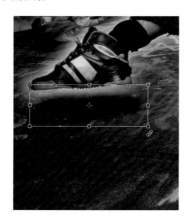

12 用上述方法繪製處身體下方的陰影，效果如圖。

10-2 光芒的製作

1 新建一個圖層，選取工具箱中的矩形選取畫面工具 ，在圖中建立一個矩形選區，效果如圖。

2 設定前景色為白色，選取工具箱中的筆刷工具 ，在屬性列中點擊下拉選單 按鈕，在彈出的筆刷樣式面板中選取柔邊形噴槍筆刷，設定主要直徑為 700px，然後在矩形選區內點上白色，效果如圖。

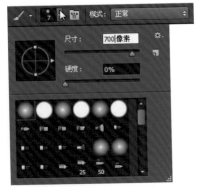

3 按 <Ctrl+D> 鍵取消選取，按 <Ctrl+T> 鍵調出任意變形控制框，按住 <Alt> 鍵左右拖動滑鼠，將其等比拉伸，按 <Enter> 鍵確認操作，效果如圖。

4 拉伸後按住 <Shift> 鍵旋轉效果如圖。

5 按 <Enter> 鍵確認操作，將其移動到如圖位置。

6 將圖層不透明度改為 63%。

7 按 <Ctrl+J> 鍵拷貝一份，將圖層 5 拷貝的不透明度設定為 55%，放置位置如圖。

8 按照上述做法複製多個光片，效果如圖。

10-3 發光顆粒的製作

1 選取工具箱中的筆刷工具 ，執行視窗\筆刷指令，在筆刷面板中的筆尖形狀中選取
柔邊圓形 7 像素，設定直徑為 7px，角度為 0，圓度為 100%，間距為 25%，點選筆刷
動態選項，設定大小快速變換為 100%，控制為筆的壓力。

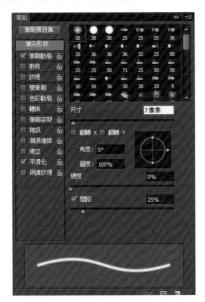 

2 點選散佈選項，設定散佈為 1000%，數量為 2，新建一個圖層，將前景色設定為白色，
繪製如圖效果。

3 執行圖層 \ 圖層樣式 \ 外光暈指令，在彈出的圖層樣式對話方塊中點選外光暈選項，設定混合模式為濾色，不透明為 75，點擊確定按鈕。

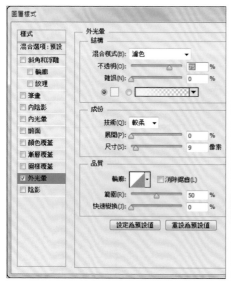

4 新建一個圖層，設定前景色為（#b44289），選取工具箱中的筆刷工具 ，在屬性列中點擊下拉選單 按鈕，在彈出的筆刷樣式面板中選取柔邊形噴槍筆刷，設定尺寸為600px，繪製效果如圖。

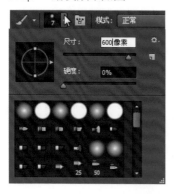

5 將其圖層混合模式改為變亮。

6 新建一個圖層，用上述方法分別繪製不同顏色的發光圓，設定混合模式為變亮，效果如圖。

7 按 <Ctrl+J> 鍵拷貝圖層，加深發光圓點亮度。

8 用上述做法，製作其餘的發光圓點。

10-4 煙霧效果的製作

1 按 <D> 鍵將前景色和背景色恢復到預設的黑白色，新建一個圖層，執行濾鏡\演算上色\雲狀效果指令。

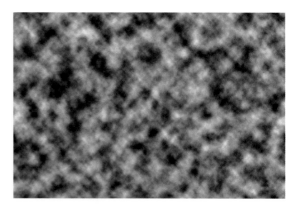

2 按 <Ctrl+L> 鍵調出色階對話方塊，在色階對話方塊中設定輸入色階為（0、0.5、255），點擊確定按鈕。

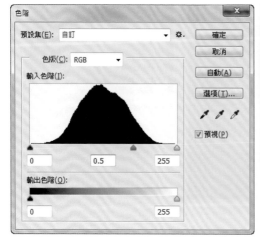

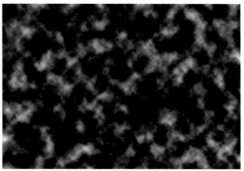

3 在圖層面板中圖層混合模式改為濾色，不透明度改為 33%。

10-5 最後的修飾

1 在圖層面板中點擊建立新填色或調整圖層  按
鈕，在彈出的功能選單中選取色彩平衡選項。

2 在彈出的色彩平衡面板中設定色調為中間調，顏色色階為
（+68、+18、+3），勾選保留明度選項。

3 在圖層面板中點擊建立新填色或調整圖層  按鈕，在彈出的功能選單中選取色相 / 飽和度選項。

4 在彈出的色相 / 飽和度對話方塊中設定飽和度為 +10。

5 選取工具箱中的水平文字工具 ，在字元面板中設定字體為 ARDESTINE，字體大小為 112.37 點，輸入如圖文字。

6 雙擊文字圖層縮覽圖，在彈出的圖層樣式對話方塊中設定混合模式為色彩增值，顏色為 R255、G0、B0，不透明為 75%，角度為 30 度，點選使用整體光源選項，間距為 27 像素，尺寸為 29 像素。

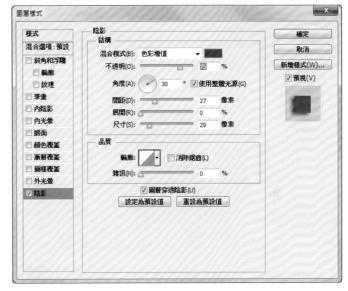

7 點選外光暈選項，混合模式為濾色，不透明為 75%，顏色為白色。

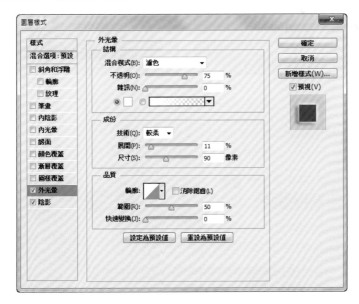

8 點選內光暈選項，設定混合模式為濾色，不透明為 75，顏色為 R255、G0、B0，點擊確定按鈕。

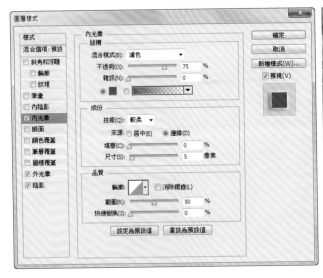 

9 新建一個圖層，選取工具箱中的矩形選取畫面工具 ，在圖中繪製一個矩形選區，設定前景色為黑色，按 <Alt+Delete> 鍵為選區填充前景色。

TIPS ▶
按 <Alt+Delete> 鍵時填充前景色，按 <Ctrl+Delete> 鍵時填充背景色。

10 選取工具箱中的水平文字工具 ，在字元面板中設定字體為 Arial，字體大小為 36 點，輸入如圖文字。

11 新建一個圖層，按 <Ctrl + Alt + Shift + E> 鍵蓋印可見圖層。

TIPS ▶

蓋印可見圖層就是將可見的圖層合併到新的圖層，原可見圖層保持不變。執行蓋印可見圖層指令，還可以按住 <Alt> 鍵的同時點擊圖層面板右上方的功能選單 ▼≡ 按鈕，在彈出的功能選單中選取合併可見圖層選項。

---

12 將圖層混合模式設定為覆蓋，不透明度設定為 52%。

13 新建一個圖層,選取工具箱中的矩形選取畫面工具  ,在屬性列中設定羽化為 150px,在圖中繪製一個選區。

14 執行選取\反轉指令,將反轉後的選取填充黑色。

15 將圖層不透明度改為 75%,本例完成。

Note

讓疲憊的心有一個依靠，讓漂泊的船兒早點靠岸 ——
沁芳苑給心靈築溫馨的家！

親近自然

The Nature is allowing the state of mind calmly...

· 沁芳苑 ·

地址：台北市中山北路115號　TEL02-85218793　FAX02-85218794

青翠怡人的草地，悠然飄動的雲彩，屹立於天地之間永恆的古化石，一切都給人祥和、平靜的感覺，彷彿置身於大自然的懷抱，怡然自在。該範例為一則房地產開發商的宣傳插頁廣告，構圖簡潔大方、色彩平和，讓人心曠神怡。

▼ 原始素材

▼ 關鍵技巧

1 利用遮色片處理圖像
2 羽化選區
3 利用魔術棒選取選區
4 圖層模式效果
5 對文字增加彎曲效果

 ch11\ 📁 >001.jpg、ch11.psd、天空 .psd、stone.jpg、人 .psd

11-1 背景的繪製

1 執行檔案 \ 開啟新檔指令，在彈出的新增對話方塊中，輸入名稱為 07-4，寬度為 10 公分，高度為 15 公分，解析度為 300 像素 / 英寸。色彩模式為 CMYK 色彩。點擊確定按鈕，新建檔案 07-4。

2 在圖層面板中雙擊背景圖層，在彈出的新增圖層對話方塊中點擊確定按鈕。轉換背景圖層為一般圖層。

3 設定前景色為黑色，按下 <Alt+Delete> 快速鍵以前景色填充圖層 0。

4 按下 <Ctrl+O> 快速鍵，開啟隨書光碟中的 ch11\001.jpg。

5 在工具箱中選取矩形選取畫面工具 ▣，於 001.jpg 視窗中框選圖像中需要的部分。

6 按下 <Ctrl+Alt+D> 快速鍵，在彈出的羽化選取範圍對話方塊中設定羽化強度為 30 像素，點擊確定按鈕，使選區變圓潤。

7 在工具箱中選取移動工具
（快速鍵 <V>），將選區內圖
像拖動到 07-4 工作視窗中，
圖像邊緣因羽化而顯得較柔和。

8 在圖層面板中點擊面板下方
的增加圖層遮色片按鈕 ⬜，
為圖層 1 增加一個圖層遮色
片。

9 設定前景色為黑色，背景色為白色。在工具箱中選取漸層工具 ⬛，在工作視窗上方的
選項列中設定漸層為前景到背景，樣式為線性。

10 使用漸層工
具 ⬛ 在圖
層 1 圖像的
下方建立漸
層遮罩，讓
圖像與底圖
銜接得更自
然。

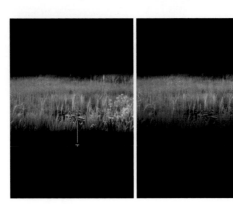 

11 按下 <Ctrl+O> 快速鍵，開啟隨書光
碟中的 ch11\ 天空.psd。

12 按下 <Ctrl+A> 快速鍵選取整個影像，按下 <Ctrl+C> 快速鍵複製選取區域，在工作
視窗中按下 <Ctrl+V> 快速鍵貼上複製影像。

 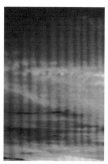 

13 用上述方法繪製處身體下
方的陰影，效果如圖。

14 按下 <Shift+Ctrl+U> 快速鍵，去除圖層 2 圖像的飽和度。

15 按下 <Shift+Ctrl+U> 快速鍵，去除圖層 2 圖像的飽和度。

16 按下 <Ctrl+U> 快速鍵，在彈出的色相 / 飽和度對話方塊中勾選上色選項，設定色相為 131，飽和度為 30，明亮為 +22。點擊確定按鈕，讓天空變為藍灰色調。

17 在圖層面板中設定圖層 2 的混合模式為濾色。天空的圖像變亮了一點。

18 按下 <Ctrl+O> 快速鍵，開啟隨書光碟中的 ch11\002.jpg。

19 在工具箱中選取多邊形套索工具 ，勾勒出如圖的山坡選區。

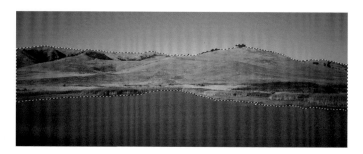

20 按下 <Ctrl+Alt+D> 快速鍵，在彈出的羽化選取範圍對話方塊中設定羽化強度為 30 像素。點擊確定按鈕，選區變圓潤。

21 按下 <Ctrl+C> 快速鍵，拷貝複製選區影像。在工作視窗中，按下 <Ctrl+V> 快速鍵貼上複製影像。

22 按下 <Ctrl+T> 快速鍵，對圖層 3 圖像執行自由變形指令。調整圖像如圖。點擊 <Enter> 鍵，確認變形。

23 在圖層面板中選取圖層 3，
點擊面板下方的增加圖層遮
色片按鈕 ，為圖層 3 增加
一個遮色片。

24 使用漸層工具 在圖層 3
圖像的下方建立遮罩，讓
山與地面銜接得更為自然。

25 在圖層面板中按住 <Shift>
鍵，選取所有圖層。按下
<Ctrl+G> 快速鍵，群組圖
層，並命名為背景。

11-2 石頭的繪製

1 按下 <Ctrl+O> 快速鍵，開啟隨書光碟中的 ch11\stone.jpg。

2 在工具箱中選取魔術棒工具 ，在工作視窗上方的選項列中選取樣式為增加至選取範圍，容許度為 32。

3 按下 <Ctrl+Shift+I> 快速鍵，反選區域。按下 <Ctrl+C> 快速鍵，對石頭進行拷貝。在工作視窗中按下 <Ctrl+V> 快速鍵貼上複製的影像。

4 按下 <Ctrl+T> 快速鍵，對石頭執行自由變形指令，調整其大小、位置如圖。

5 按下 <Ctrl+M> 快速鍵，在彈出的曲線對話方塊中設定輸入為 46，輸出出 29。點擊確定按鈕，石頭即變亮。

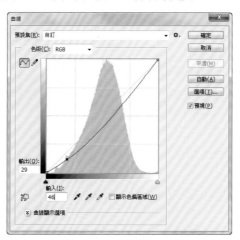

6 在圖層面板中雙擊圖層 4，在彈出的圖層樣式對話方塊中勾選陰影選項。

7 點擊陰影選項，在彈出的陰影對話方塊中設定角度為 120 度，間距為 47 像素，展開為 17%，尺寸為 81 像素。點擊確定按鈕，為石頭增加陰影效果。

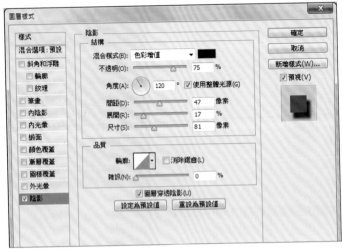

11-3 人物的繪製

1 按下 <Ctrl+N> 快速鍵，另外開啟 CMYK 色彩模式的新檔案。

2 在工具箱中選取橢圓選取畫面工具 ⬭，按住 <Shift> 鍵繪製一個正圓選區。在圖層面板內新建一個圖層。設定前景色為黑色，按下 <Alt+Delete> 快速鍵，以前景色填充。

3 按下 <Ctrl+D> 快速鍵，取消選區。在工具箱中選取矩形選取畫面工具 ，繪製一個矩形選框。在圖層面板內新建一個圖層，按下 <Alt+Delete> 快速鍵，以前景色填充。

4 按下 <Ctrl+D> 快速鍵，取消選區。按下 <Ctrl+T> 快速鍵，對矩形執行自由變形指令，旋轉矩形如圖。按下 <Enter> 鍵，確認變形。

5 按住 <Ctrl+Alt> 鍵的同時，拖動矩形。複製一個矩形。

6 按下 <Ctrl+T> 快速鍵,對圖層 2 拷貝執行自由變形指令,調整圖像如圖。按下 <Enter> 鍵,確認變形。

7 同樣的方法繼續複製矩形若干,完成人物肢體的繪製。

8 在工具箱中選取鋼筆工具 ,勾勒帽子的工作路徑如圖。

9　按下 <Ctrl＋Enter> 快速鍵，轉換
　　路徑為選區。

10　在工具箱中選擇鋼筆工具 ，勾
　　出一個工作路徑。

11　按下 <Ctrl＋Enter> 快速鍵，轉換
　　路徑為選區。在圖層面板中選取圖
　　層 1，按下 <Delete> 鍵，刪除選
　　區內容。

12 按下 <Ctrl+D> 快速鍵，取消選區。在圖層面板中，按住 <Shift> 鍵的同時，點擊圖層 1 和圖層 3，選取所有圖層。按下 <Ctrl+E> 快速鍵，合併圖層。

13 在圖層面板中選取圖層 0。按下 <Delete> 快速鍵，刪除圖層 0。

14 按下 <Ctrl+A> 快速鍵，全選圖像。按下 <Ctrl+C> 快速鍵，複製圖像。

15 回到工作視窗，按住 <Ctrl> 鍵的同時，在圖層面板中點擊圖層 5 的縮圖，調出石頭的選區。

16 執行編輯\貼入範圍內指令（快速鍵 <Ctrl+Shift+V>），人物被貼入石頭的選區內。

17 按下 <Ctrl+T> 快速鍵調整貼入的人物圖像如圖。按下 <Enter> 鍵確認變形。

18 在圖層面板中選取圖層 6，在該面板左上角設定 0 其混合模式為覆蓋。小人與石頭的紋
理融合在一起。

19 按下 <Ctrl+J> 快速鍵，複製圖層 5 為圖層 5 拷貝。此時，圖像中的人物圖像顏色加
深，這是因為複製出的人與原來的人物重疊對齊了。

20 按下 <Ctrl+T> 快速鍵，對複製
出的人物執行自由變形指令。調
整其位置如圖。

21 按下滑鼠右鍵，在彈出的快速選單中選擇水平翻轉選項。點擊 <Enter> 鍵，圖像水平翻轉。

22 在圖層面板中按住 <Shift> 鍵的同時，點擊圖層 5 和圖層 5 拷貝。按下 <Ctrl+G> 快速鍵，群組圖層。

11-4 文字的製作

1 在工具箱中選擇文字工具 T，在工作視窗上方的選項列中設定字體為華康儷中黑，字級為 25 點，顏色為白色。輸入文字「親近自然」。

2 在工作視窗上方的選項列中點擊建立彎曲文字按鈕 ，在彈出的彎曲文字對話方塊中選擇樣式為凸殼，點選水平選項，設定彎曲為 0%，水平扭曲為 0%，垂直扭曲為 +20%。點擊確定按鈕，文字變形為凸殼樣式。

TIPS ▶

彎曲文字對話方塊提供了十五種樣式，其中包括弧形、下弧形、上弧形、拱形、凸出、凸殼、標幟、波形效果、魚、上升、魚眼、膨脹、擠壓和螺旋狀。

選擇樣式為弧形，文字效果如圖。

選擇樣式為下弧形，文字效果如圖。

選擇樣式為上弧形，文字效果如圖。

選擇樣式為拱形，文字效果如圖。

選擇樣式為凸出，文字效果如圖。

選擇樣式為凹殼，文字效果如圖。

選擇樣式為凸殼，文字效果如圖。

選擇樣式為標幟，文字效果如圖。

選擇樣式為波形效果，文字效果如圖。

選擇樣式為魚，文字效果如圖。

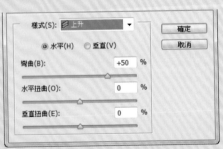

選擇樣式為魚眼，文字效果如圖。

選擇樣式為膨脹，文字效果如圖。

選擇樣式為擠壓，文字效果如圖。

選擇樣式為螺旋狀，文字效果如圖。

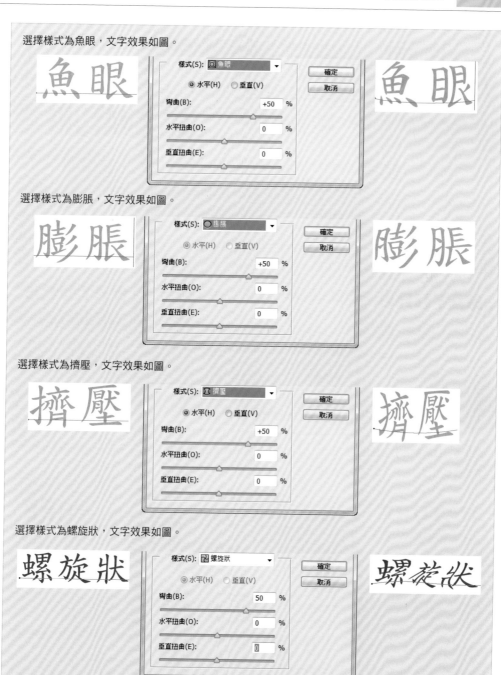

在彎曲文字對話方塊中提供水平和垂直兩個選項。其中的水平選項，即是在水平方向上作彎曲變形；垂直選項則是在垂直方向上讓文字彎曲變形。

選擇水平選項，文字效果如圖。

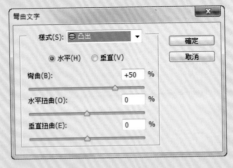

選擇垂直選項，文字效果如圖。

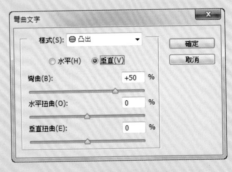

彎曲是用以調整文字彎曲變形的程度，其左右兩端呈正負遞增。

當彎曲以負值變形時，文字效果如圖。

當彎曲以正值變形時，文字效果如圖。

水平扭曲是用以調整文字在水平方向的扭曲變形程度。其左右兩端呈正負遞增。

當水平扭曲為負值時，文字效果如圖。

當水平扭曲數值為正時，文字效果如圖。

垂直扭曲是用以調整文字在垂直方向上作扭曲變形的程度。其左右兩端呈正負遞增。

當垂直扭曲以負值作扭曲變形時,文字效果如圖。

當垂直扭曲以正值作扭曲變形時,文字效果如圖。

3 最後運用文字工具 **T** ,輸入其他資訊,完成該
海報的繪製。

Note

時尚十周年慶典開幕夜

當晚將開啟一個新的周年

現場邀請到了各界名人眾多歌星到場亮相演唱

地址 / 臺北西門町 活動時間 / 2018年12月12日 購票熱線 / 80081088120

本範例為一個慶典活動而設計的宣傳型錄，畫面中醒目的時尚慶典開幕式幾個字體
現了這個型錄的主 題，而其豐富的色彩表達了一種歡樂的氣氛，並以慶祝的酒杯
為設計元素更增強主題印象，讓人一看就能預先想像到開幕式當天的歡慶場面。

▼ 原 始 素 材

▼ 關 鍵 技 巧

1 執行濾鏡 \ 像素 \ 馬賽克指令製作背景
2 利用色階調整圖像對比度
3 執行濾鏡 \ 扭曲 \ 扭轉效果指令製作背景
4 設定筆刷樣式
5 製作自訂義筆刷
6 利用透視和扭曲指令製作變形文字

 ch12\ 📁 >001.psd、002.eps、003.eps、004.eps、005.jpg、006. 文案、ch12.psd

12-1 背景的製作

1 執行檔案\開新檔案指令,或用快速鍵 <Ctrl+N>,彈出新增對話方框中設定檔案的尺寸,寬度為 14,高度為 19,解析度為 150,把此檔案命名為 DM。然後點選確定後,完成 DM 的設定。

2 點選圖層面板下方的建立新圖層按鈕 ,建立一個新圖層圖層 1,前景色設為 R52、G104、B168 的藍色,按快速鍵 <Alt+Delete> 將圖層 1 填充成前景色。

3 按快速鍵 <D> 恢復前 / 後
景色的設定，在圖層 1 上
方新建立一個透明圖層圖
層 2，按快速鍵 <D> 恢復
預色前景色 / 背景色，執行
濾鏡 \ 演算上色 \ 雲狀效果
指令，效果如圖所示：

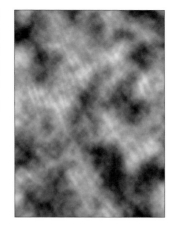

4 點選圖層 2，執
行 濾 鏡 \ 像 素 \
馬賽克指令，在
彈出的馬賽克視
窗中設定單元格
大 小 為 120 方
形，然後點按確
定。

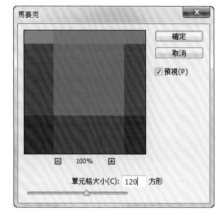

5 執行濾鏡 \ 筆觸 \ 強調邊緣指令，設定邊緣寬度為 2，邊緣亮度為 40，平滑度為 15，然
後點按確定。

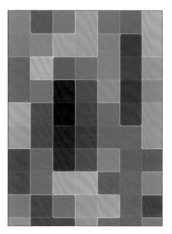

6 按 下 快 速 鍵 <Ctrl+L> 對 調 整 色 階，設 定 輸 入 色 階 為 74、0.78、181，點按確定。

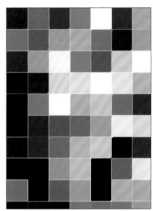

7 點選圖層 2 將其圖層混合模式設定為覆蓋，完成背景製作。

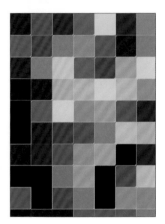

12-2 圖案的製作

1 在圖層面板新建一個透明圖層圖層 3，使用工具箱中的筆型工具 ✐，在頁面中勾出一個酒杯外形的一半。

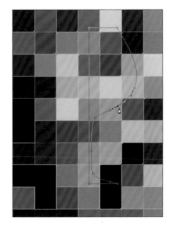

2 按下快速鍵 <Ctrrl+Enter>
將路徑轉換成選區，將
選區填充為白色，按
<Ctrl+D> 取消選區，
使用快速鍵 <Ctrl+J>
拷貝出另一半酒杯，按
<Ctrl+T> 將圖層 3 拷貝水
平翻轉，移動至如圖所示
效果。

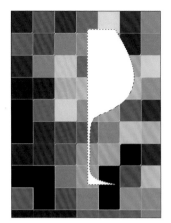 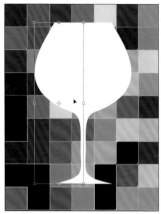

3 按下快速鍵 <Ctrl+E> 將圖層 3 和圖層 3 拷貝合併為一層，得到完整的酒杯圖層 3，
用滑鼠雙擊圖層 3 在彈出的圖層樣式視窗中選擇筆畫選項，設定尺寸為 4，筆畫顏色為
R121、G126、B134，然後點選確定按鈕。

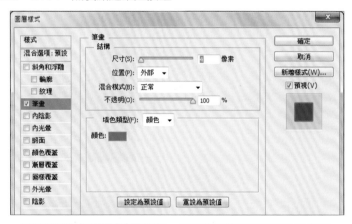

 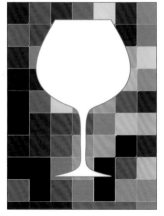

4 執行檔案 \ 置入指令，將 ch12\002.eps 置入到 DM 檔案中，按 <Enter> 確定置入。

5 用滑鼠右擊 002 圖層，選擇點陣化圖層選項將此層點陣化，執行濾鏡 \ 扭曲 \ 扭轉效果指令，在扭曲效果視窗中設定角度為 150 度，然後點選確定。

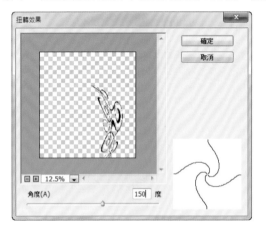

6 按快速鍵 <Ctrl+T> 圖案進行任意變形至如圖效果。

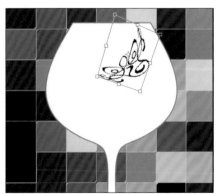

7　按快速鍵 <Ctrl+J> 將此層進行拷貝得到 002 拷貝圖層，按 <Ctrl+T> 將拷貝圖層進行
　　了水平翻轉，旋轉至如圖效果。

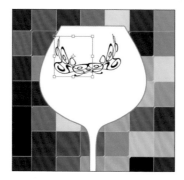 

8　繼續執行檔案 \ 置入指令，將 003.eps 置入到頁面中，將置入圖層點陣化。

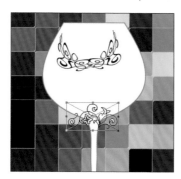 

9　按住 <Ctrl> 鍵，滑鼠左鍵點選 003 圖層將其轉換成選區，然後將選區填充成黑色。

10 按住 <Ctrl+D> 取消選區後,執行濾鏡 \ 扭曲 \ 旋轉扭曲指令,設定角度為 150 度,然後點選確定按鈕。

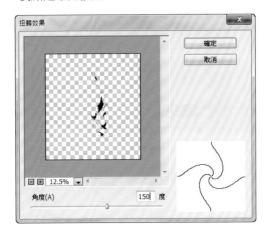

11 按快速鍵 <Ctrl+T> 將圖案任意變形,移動至如圖效果。

12 用同樣方法將 003 圖層拷貝,按快速鍵 <Ctrl+T> 將 003 拷貝圖層水平翻轉,移動最後的效果如圖:

13 再一次執行檔案\置入指令，將 004.eps 置入到頁面中，然後將 004 圖層點陣化，如圖所示。

14 點選 004 圖層執行濾鏡\扭曲\扭轉效果指令，在彈出的扭轉效果視窗中設定角度為 500，然後點選確定按鈕。

15 按 <Ctrl+T> 將圖案縮小移動至如圖所示的效果。

12-3 石頭的繪製

1 同樣我們按 <Ctrl+J> 將圖
層 004 拷貝一份，並移動拷
貝圖層 004 拷貝至左側如圖
所示：

2 使用工具箱中的橢圓工具 ，在屬性列中選擇路徑按鈕
，按住 <Shift> 鍵在頁面拉出一個正圓路徑。

3 在圖層面板下方點選建立新圖層按鈕 ，新建
立一個透明圖層圖層 4，使用鉛筆工具 ，點選
屬性列中的筆刷視窗按鈕 ，在彈出的筆刷視
窗中選擇實邊圖形筆刷，設定直徑為 32，間距為
150%，然後按快速鍵 <F5> 將視窗隱藏。

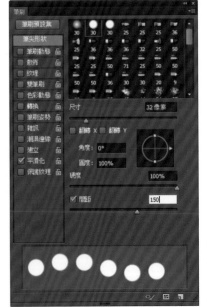

4 選取路徑節點後右擊滑鼠,在彈出選項中選擇畫筆路徑,在彈出視窗中選擇鉛筆,然後
點選確定按鈕。

5 按快速鍵 <Ctrl+H> 將路徑隱藏,點選圖層 4 按 <Ctrl+Alt+T> 執行變形拷貝,然後
按住 <Shift+Alt> 兩個鍵將圖形等比例縮小,效果如圖所示:

6 按 <Enter> 鍵確認後，按下 <Ctrl+Shift+Alt+T> 四鍵執行同比例縮小，拷貝命令，這時我們發現圖層面板中新增加了一層圖層 4 拷貝 2。

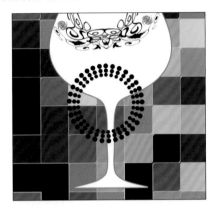

TIPS ▶
<Ctrl+Shift+Alt+T> 指令是在執行 <Ctrl+ Alt+T> 變形拷貝才可使用的指令，這個指令可以將上一步的變形進行同比例的縮放並拷貝到新圖層。

7 連續按兩次快速鍵 <Ctrl+E>，將圖層 4 及其拷貝圖層合併為一層，按快速鍵 <Ctrl+T> 將圖形縮小並移動至如圖所示位置，然後按 <Enter> 確認。

8 執行檔案＼開啟檔案指令，開啟隨書光
碟中的 ch12\005.jpg。

9 點選工具箱中的魔術棒工具 ，將青色部分全部選取，按下快速鍵 <Shift＋Ctrl＋I>
反選得到人物選區，然後按 <Ctrl＋C> 將人物複製。

10 回 到 DM 檔 案 中， 按
<Ctrl＋V> 將 人 物 黏 貼 到
頁面中。

11 使用移動工具 ，將人物移動至如圖位置。

12 使用筆型工具 ，將人物在酒杯外的部分勾出，按快速鍵 <Ctrl+Enter> 將路徑轉換成選區後再按 <Delete> 將其刪除。

13 按 <Ctrl+D> 將選區取消，圖案製作完成。

12-4 文字的製作

1 執行檔案\開新檔案指令,在新增視窗中設定寬度為 25 公分,高度為 14 公分,解析度為 150,然後點選確定按鈕。

2 點選工具箱中的文字工具 **T**,在屬性列中設定字體為華康儷粗黑（P）,大小為 90 點,顏色為黑色,然後在頁面中輸入文字時尚慶典和開幕式,如圖所示:

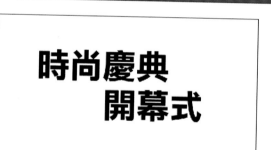

3 選取時尚慶典文字層,點選圖層面板下方的增加圖層樣式按鈕 **fx**,在彈出選項中選擇混合選項為圖樣添加圖層樣式。

4 在彈出的圖層樣式視窗中，選擇陰影選項，設定不透明為 100%，角度為 -176，間距為 15，展開為 91，尺寸為 3，如圖：

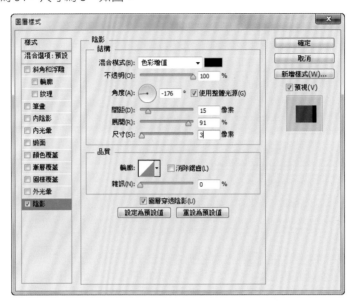

5 選擇顏色覆蓋選項，設定覆蓋顏色為白色。

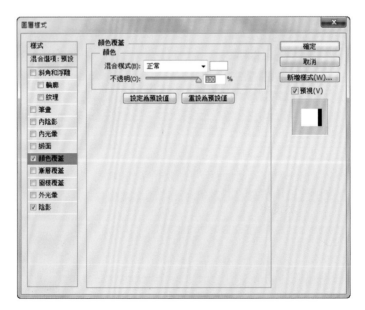

6 選擇筆畫選項，設定筆畫顏色為黑色，然後點選確定按鈕。

7 將時尚慶典圖層的圖層樣式拷貝，並黏貼到開幕式圖層中。

8 點選時尚慶典圖層，右擊滑鼠在彈出選項中選擇點陣化文字將文字點陣化，然後將開幕式圖層也點陣化。

TIPS ▶

將文字層點陣化才可以對文字層進行了扭曲、透視等任意變形。

9 點選時尚慶典圖層，按快速鍵 <Ctrl+T> 對它進行了任意變形，右擊滑鼠選擇透視選項，將其進行透視變形。

10 繼續右擊滑鼠選擇扭曲選項行扭曲變形，效果如圖所示。

11 按 <Enter> 鍵確認任意變形後，點選開幕式圖層，用同樣方法對其進行透視，扭曲變形至如圖所示效果：

12 新建一個透明圖層圖層 1，將其用滑鼠拖動到時尚慶典圖層的下方，同時關閉開幕式和時尚慶典兩個圖層的可見度按鈕 。

13 點選圖層 1，使用工具箱中的筆刷工具 ，按快速鍵 <F5> 開啟筆刷視窗，選擇潑濺 59 筆刷在頁面塗抹如圖效果。

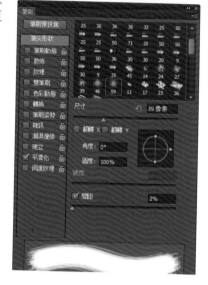

14 選擇粉筆 17 筆刷繼續在頁面塗抹。

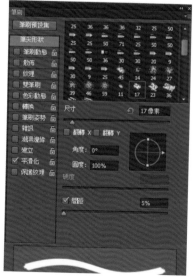

15 接下來再使用筆刷視窗中的乾性筆尖筆刷，在頁面塗抹至最後效果如圖：

16 開啟開幕式時尚慶典兩個圖層的可見度按鈕 ，點選圖層面板下方的建立新群組按鈕，將除背景層以外的圖層用滑鼠拖進群組 1 中。

17 用移動工具 將群組 1 拖動到 DM 檔案中。

18 按快速鍵 <Ctrl+T> 將群組 1 任意變形至如圖效果。然
後按 <Enter> 確認變形。

19 點選群組 1 中的圖層 6，按快速鍵 <Ctrl+U> 對其進行了色相 / 飽和度的調節，在彈
出的色相 / 飽和度視窗中選擇上色選項，然後設定色相為 321，飽和度為 100，明亮為
60，點選確定按鈕，文字製作即完成。

12-5 酒杯案紋的製作

1 按 <Ctrl+N> 新建一個寬度和
高度均為 120 像素，解析度為
150 的新檔案。

2 在新檔案的圖層面板中新建一個透明圖層圖層 1，關閉背景圖層的可見度按鈕 。

3 用之前我們製作酒杯的方法在圖層 1 中製作一個黑色小酒杯。

4 執行編輯 \ 定義筆刷預設集指令，在彈出的筆刷名稱視窗中點選確定，完成筆刷定義。

5 回到 DM 檔案中，點選建立新圖層按鈕 ，在圖層面板中建立一個透明圖層圖層 7。

6 點選筆刷工具 ，在筆刷預設選擇器中找到剛才定義的酒杯筆刷，設定前景色色彩為 R139、G240、B255，用筆刷在頁面點刷出一個小酒杯，如圖所示：

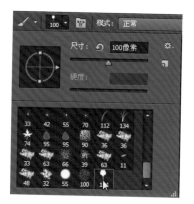

7 改變前景色為 R126、G199、B153，繼續在頁面點刷出小酒杯案紋，用同樣方法不斷改變前景色顏色，點刷出最後效果。

8 在圖層 7 上方新建一個圖層圖層 8，用矩形選取畫面工具 在頁面下方拉出一個矩形選區。

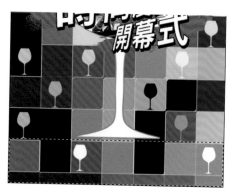

9 將前景色設成 R99、G13、B72 的暗紫色，按 <Alt+Delete> 將選區填充為前景色，按
快速鍵 <Ctrl+D> 取消選區。

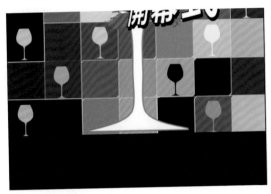

10 開啟 ch12\006.doc 將
幾段文字進行拷貝，
使用文字工具 **T** ，
將文字黏貼到頁面中。

11 開啟字元面板分別對幾段文字的屬性進行了調整，效果如圖所示：

12 本型錄設計完成。

下面是為 NANA 品牌設計製作的戶外廣告，既有戶外廣告的宣傳功能，整個視覺
畫面又活潑美觀，很具有時尚感。接下來就以此戶外廣告的設計製作為各位讀者
做詳細實務操作介紹。

▼ 原 始 素 材

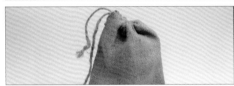

▼ 關 鍵 技 巧

1 執行濾鏡 \ 模糊 \ 放射模糊指令製作圖像效果

2 執行編輯 \ 貼入範圍內指令

3 執行濾鏡 \ 扭曲 \ 傾斜效果指令扭轉文字

4 合併可見圖層

 ch13\ 📁 >001.tif、002.tif、003.psd、004.psd、005.psd、006.psd、ch13.psd

13-1 向量圖的繪製

1 執行檔案\開新檔案指令,在顯示的新增對話方塊中對文件屬性進行設定,寬度為 57 公分,高度為 17 公分,解析度為 72 像素 / 英吋,背景內容為白色。

2 點擊確定按鈕,完成頁面的設定。

3 點選水平文字工具  ,在工作視窗中插入游標,輸入文字 NANA,在選項列中設定其大小為 511,消除鋸齒的方法為平滑,顏色為黑色。

4 在圖層面板中設定文字的不透明為 5%,則文字如圖所示:

5 執行檔案 \ 開啟檔案指令，開啟光碟中的 ch13\005.psd。

6 在工具箱中選擇魔術棒工具 ，在 005.psd 中點擊影像空白處，則圖片的空白部分被選取。

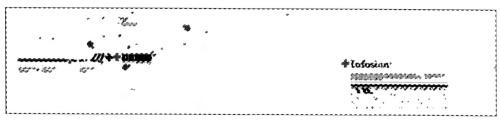

7 執行選取 \ 反選指令，則 005.psd 中的圖像被選取。

8 按住 <Ctrl+Alt> 鍵，拖動該選區至 005.psd 工作視窗中，按一下 <Ctrl+T> 鍵調整圖片大小，將其放到頁面的適當位置。

9 執行檔案 \ 開新檔案指令，在顯示的新增對話方塊中新建一個頁面未命名 -1，設定其寬度為 12 公分，高度為 12 公分，解析度為 72 像素 / 英吋，色彩模式為 RGB，背景內容為白色。點擊確定按鈕，完成頁面設定。

10 在圖層面板中新增一圖層 1，設定目前色為黑色，按住 <Shift> 鍵用橢圓工具  ，在頁面中繪製一個正圓。

11 選擇矩形工具 ■ ，在頁面中繪製長方形，按一下 <Ctrl+T> 對矩形進行大小和旋轉的調整。

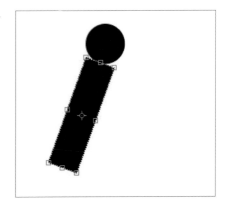

12 如此類推,用同樣的方法可以繪製如圖人形。

13 在圖層面板中點擊其下方的建立新組合 ▣ 按鈕,建立一個新組合並命名為組合 1,把繪製人形的所有路徑拖曳至組合 1 中。

14 用同樣的方法可以繪製出另一個人形,在繪製其帽子時可以用筆型工具 ✏ 進行勾勒。在點選鋼筆工具後,在選項列上點選路徑 路徑 按鈕,即可繪製出任意形狀的圖形,最後效果如圖所示:

15 在圖層面板中建立組合 2，將第二個人形的路徑併入組合 2 中。

16 在圖層未命名 -1 中做完人物造型後，選擇組合 1 並用移動工具 ![移動工具] 將其拖曳到設計視窗中，在圖層面板中把其不透明度設為 5%，調整組合 1 人物的大小，並將其放到頁面中的適當位置。

17 在圖層面板中拖動組合 1 至建立新增圖層按鈕 ![新增圖層] 上，複製出組合 1 拷貝、組合 1 拷貝 2，調整組合 1 拷貝的不透明值為 20%，組合 1 拷貝 2 的不透明為 100%，設定其位置上圖。

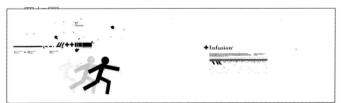

在目前為止，此 NANA 戶外廣告的背景也就差不多要製作完成了，接下來主角也就差不多
要出場了，請大家繼續往下看！

13-2 包包的製作

1 執行檔案\開新檔案指令，顯
示新增對話方塊，我們對其命
名為包包，其餘設定如圖所
示，點擊確定按鈕完成頁面的
設定。

2 執行檔案\開啟檔案指令，開
啟光碟中的 ch13\001.tif。

3 將圖片中的包選取後拖曳到
包包工作視窗中。按一下
<Ctrl+T> 對包包工作視窗中
的圖形進行大小位置的調整，
使其放於頁面中央。

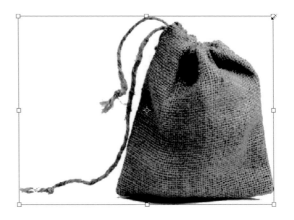

4 按 <Enter> 鍵確定圖形變更，執行檔案\開啟檔案指令，開啟光碟中的 ch13\002.tif。

5 在工具箱中選擇矩形選取畫面工具 ，對圖片進行框選，然後執行編輯\拷貝指令複製選取區域中的圖形。

6 切換到包包工作視窗中，按住 <Ctrl> 鍵並點擊圖層面板中的圖層 1，則包包變為目前選區。

7 保持包包的目前選區不變，執行編輯 \ 貼入範圍
內指令，複製的影像便黏貼到了選區中。

8 用移動工具移動黏貼的圖片，按一下 <Ctrl+T>
鍵調整該影像大小。

9 按 <Enter> 鍵確定圖片的變更，執行影像 \ 調整 \ 曲線指令，在顯示的曲線對話方塊中
對其複製圖片調整效果如下：

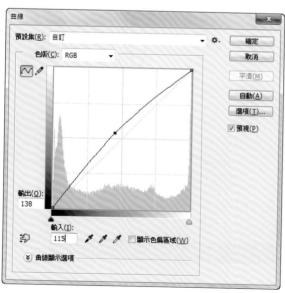

10 在圖層面板中對黏貼圖片所在的圖層 2 設定變暗效果。

 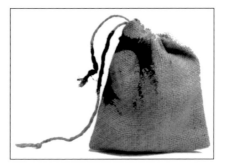

11 執行濾鏡 \ 模糊 \ 放射狀模糊指令，在顯示的放射狀
模糊對話方塊中對其進行設定如圖：

12 點擊確定按鈕，完成放射狀模糊的設定。

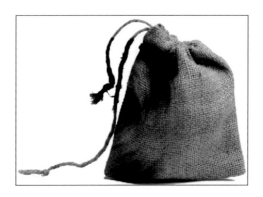

13 在工具箱中選擇水平文字工具 T，在包包中輸入文字 NANA，在選項列中對文字進行
設定其大小為 52 點，消除鋸齒的方法為平滑，顏色為白色。

14 按住 <Ctrl> 鍵，點選圖層面板中的文字 NANA，使文字變成目前選區。

15 執行編輯 \ 拷貝指令，對選區的文字 NANA 進行拷貝，快速鍵 <Ctrl+C>。

16 按住 <Ctrl> 鍵，點擊圖層面板中的包包所在的圖層 1 讓包包變成目前選區。

17 保持包包的目前選區不變，執行編輯 \ 貼入範圍內指令，則文字 NANA 被黏貼入選區內，在圖層面板中其自動產生圖層 3，這時您可以刪除 NANA 文字圖層。

18 設定圖層 3 的效果為柔光，則被黏貼入包包內的文字如圖所示：

19 按下 <Ctrl+T> 鍵，對文字 NANA 進行旋轉調整。

20 按下 <Enter> 鍵確定文字變更，然後執行濾鏡 \ 扭曲 \ 傾斜效果指令，在顯示的傾斜效果對話方塊中對其設定如圖，點擊確定按鈕，則文字變形效果如圖。

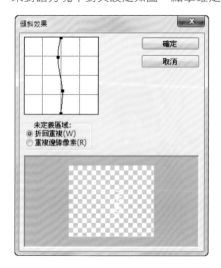 

21 拖動圖層 3 至建立新增圖層  按鈕上，複製出圖層 4。

22 調出前面所畫的組合 2 人物像，同樣用貼入範圍內的方法黏貼到包包中，並設定其效果為覆蓋，不透明度為 39%。

23 拖動圖層 5 至建立新增圖層  按鈕上，複製出圖層 6，並設定其效果為柔光，不透明度為 100%。

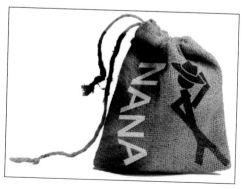

24 設定前景色為黑色，在工具箱中選擇筆型工具 ，在選項列中點選路徑按鈕 形狀
，在包包工作視窗中如圖繪製一路徑，在圖層面板中設定其效果為柔光，不透明度為
100%。

25 同樣設定前景色為白
色，用筆型工具 在
包包工作視窗中繪製另
外一個路徑，在圖層面
板中設定其效果為柔
光，不透明度為 100%。

26 到此為止，NANA 包包算是完
成了，點選其面板右上角的小
三角形按鈕，在顯示的下拉功
能表中選擇合併可見圖層選項，
將各個圖層合併在一起。

27 用魔術棒工具 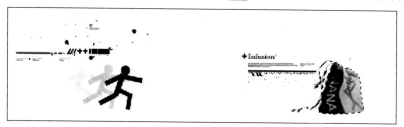 選取包包，然後用移動工具 ，把其拖到 NANA 工作視窗中。

28 新增一圖層，用筆型工具 在 NANA 工作視窗中繪製一個多邊形，將多邊形轉化為選區，設定前景色為黑色，並執行選取\修改\羽化指令，在顯示的羽化選取範圍對話方塊中設定羽化強度為 12。用 <Alt＋Backspace> 為多邊形填色。

29 在圖層面板中調整一下該包包與多邊形的位置，最後得到包包的效果如圖所示：

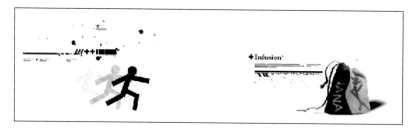

30 在工具箱中選擇水平文字工具 ，在 NANA 工作視窗中輸入文字 NANA 70 周年特賣，在選項列中設定文字屬性如圖所示：

31 在圖層面板中複製出文字 NANA 70 周年特賣,設定其不透明度為 20%。

32 執行編輯\變換\斜切指令,對文字 NANA 70 周年特賣進行斜切。

33 按下 <Ctrl+T> 鍵調整斜切文字大小,然後執行文字\轉化為形狀指令將文字轉變成物件。到此為止,NANA 品牌廣告終於完成了!

Note

14　POP 吊旗設計

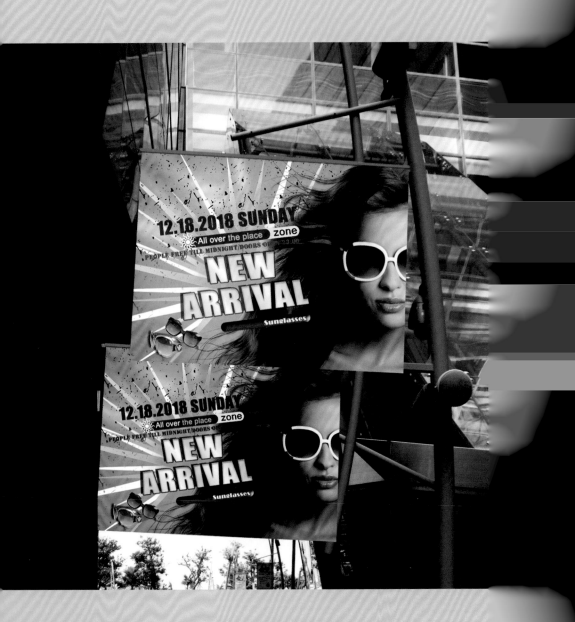

本章為商場廣告吊旗製作，運用誇張的表現手法與明快的色彩，製作新品眼鏡發佈的宣傳廣告媒介，在設計風格方面追求簡潔，突顯主體的視覺效果。

▼ 原 始 素 材

▼ 關 鍵 技 巧

1 填充圖樣

2 執行水平翻轉指令翻轉圖像

3 載入頭髮筆刷

4 增加純色調整圖層

5 透過圖層樣式製作浮雕效果

 Chap14\ ▭ >001.bmp、002.bmp、003.jpg、hair.abr、文案 .txt、ch14.psd

14-1 背景的製作

1 按下快速鍵 <Ctrl+N> 鍵新增
檔案,在彈出的新增對話方塊
中設定寬度為 11 公分,高度
為 8 公分,解析度為 200 像素
/ 英寸,點擊確定按鈕。

2 在圖層面板中點擊建立新圖層  按鈕兩次,新建兩個圖層。

TIPS ▶

按住 <Alt> 鍵的同時點擊建立新圖層 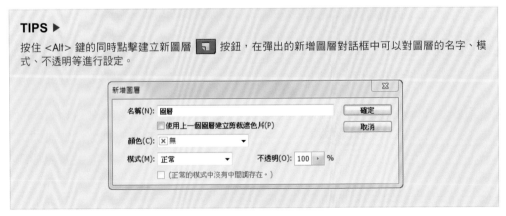 按鈕,在彈出的新增圖層對話框中可以對圖層的名字、模
式、不透明等進行設定。

3 將背景圖層刪除，將圖層 1 填充白色。

4 選取圖層 2，為圖層 2 填充顏色為 R255、G57、B94。

5 點擊圖層面板中的增加圖層遮色片  按鈕，為圖層 2 增加一個遮色片。

6 選取圖層 2 遮色片，設定前景色為 R165、G165、B165，背景色為白色，選取工具箱中的漸層工具 ，在屬性列中設定漸層色為放射狀漸層 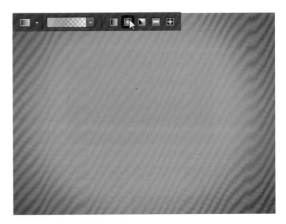 按鈕，填充效果如圖。

7 在圖層面板中點擊建立新圖層  按鈕，新建圖層 3。

8 選取工具箱中的多邊形套索工具 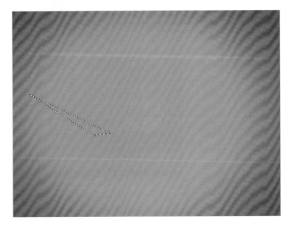 繪製如圖圖形。

9 將前景色設定為 R253、G246、B217，背景色設定為 R97、G220、B216，選取工具箱中的漸層工具 ，在屬性列中設定漸層色為線性漸層 按鈕，填充效果如圖所示。

10 將其複製一份，按 <Ctrl+T> 鍵調出任意變形控制框，調整其大小和旋轉後，按 <Enter> 鍵確定。

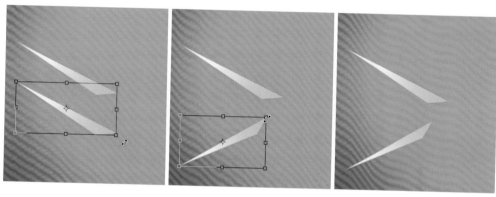

11 使用上述方法繪製出剩下的放射狀圖形。

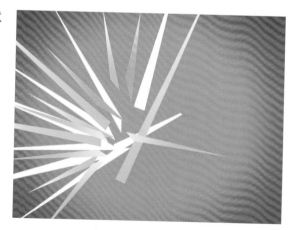

12 新建一個圖層，選取工具箱中的橢圓選取畫面工具 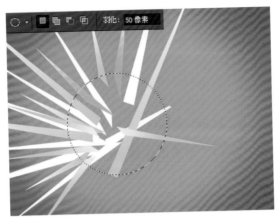，在屬性列中設定羽化為 50px，繪製如圖圓形選區。

13 為圓形選區填充顏色為 R255、G151、B170。

14 選取工具箱中的多邊形套索工具 ，在屬性列中設定羽化為 10px，繪製如圖圖形。

15 為其填充顏色為 R255、G192、B93，效果如圖。

16 按照上述方法繪製其餘的光芒，效果如圖。

17 新建一個圖層，選取工具箱中的油漆桶工具 ，在屬性列中設定填充類型為圖樣，點擊下拉選單 ▪ 按鈕，在彈出的圖樣面板中點擊右邊的功能選單 ✿▾ 按鈕，在彈出下拉選單中選擇灰階紙張選項。

18 在圖樣面板中選取纖維紙 1 圖樣進行填充。

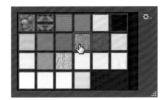

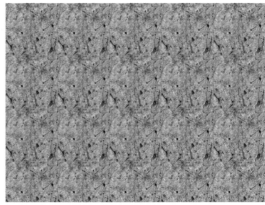

19 執行影像 \ 調整 \ 色階指令，在彈出的色階對話方塊中設定 108、4.8、168，點擊確定
按鈕。

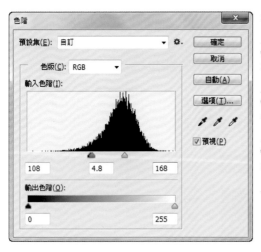

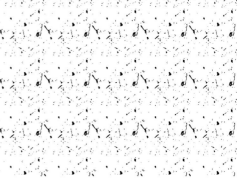

20 點擊圖層面板中增加圖層遮色片  按鈕，為圖層新增一個遮色片。

21 選取工具箱中的筆刷工具 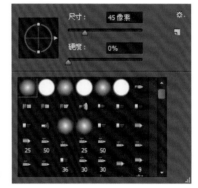，在筆刷屬性列中點擊下拉選單 按鈕，在彈出的筆刷樣式面板中選取柔邊圓形 45 像素筆刷。

22 將前景色設定為黑色，點擊圖層遮色片，使用筆刷工具 繪製效果如圖。

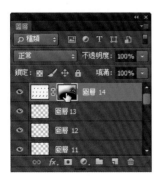

23 在圖層面板中將混合模式改為線性加深。

14-2 人物的製作

1 執行視窗 \ 開啟舊檔指令，在彈出的開啟舊檔對話方塊中選取隨書光碟中的 ch14\003. jpg 檔案。

2 按 <Ctrl+A> 鍵全選圖形，<Ctrl+X> 鍵剪切，按 <Ctrl+V> 鍵貼上至上層。

3 選取工具箱中的魔術棒工具 ，屬性列中設定容許度為 50，點擊人物背景。

TIPS ▶
按下 <W> 鍵可以快速切換到魔術棒工具 ，在選取圖樣過程中按住 <Shift> 鍵，可以連續選擇多個選區，按住 <Alt> 鍵則可以減選預先選取的選取範圍，等同於屬性列中的增加至選取範圍 按鈕和從選取範圍減去 按鈕。

4 執行選取 \ 反轉指令，或按快速鍵 <Ctrl＋Shift＋I> 選取人物，將其貼上至 DM 型錄編輯視窗內，放置位置如圖。

5 按 <Ctrl＋T> 鍵調出任意變形控制框，然後在控制框中點擊滑鼠右鍵，在彈出快速選單中選擇水平翻轉選項，按 <Enter> 鍵確認操作。

6 點擊圖層面板中增加圖層遮色片 ▣ 按鈕，為圖層新增一個遮色片。

7 將前景色設定為黑色，點擊圖層遮色片，用筆刷工具  繪製效果如圖，將部分頭髮擦除掉。

8 選取工具箱中的筆刷工具 ，執行視窗 \ 筆刷指令，點擊面板中的筆刷預設集按鈕，在彈出的面板中點擊右上角的功能選單  按鈕，在彈出功能選單中選擇載入筆刷選項。

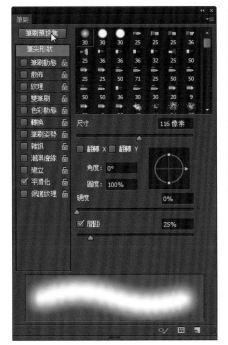

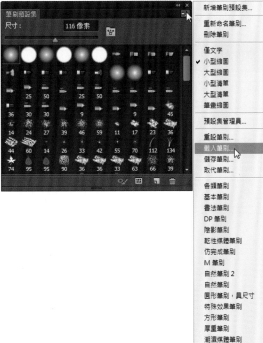

9 在彈出的載入對話方塊中載入隨書光碟中的 ch14\hari.abr 筆刷。

10 選取工具箱中的筆刷工具 ，在屬性列中點擊下拉選單 按鈕，在彈出的筆刷面板中選取 410 筆刷。

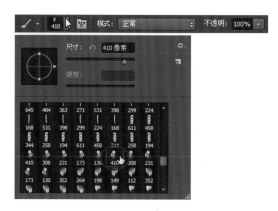

11 新增一個圖層，將前景色設定為黑色，在圖中繪製一個頭髮。

12 按 <Ctrl＋T> 鍵調出任意變形控制框，將頭髮旋轉縮小後，放置位置如圖。

13 新增一個圖層，按照上述步驟製作另外
一個頭髮，讓頭髮看起來非常自然寫實。

14 開啟隨書光碟中的 ch14\001.bmp 檔案。

15 按 <Ctrl+A> 鍵全選圖形，<Ctrl+X> 鍵剪切，按 <Ctrl+V> 鍵貼上至上層。

16 取工具箱中的魔術棒工具 ，在點擊眼鏡圖片空白處，選取眼鏡背景顏色。

17 按 <Ctrl+B> 鍵調出色彩平衡對話方塊，設定顏色色階為（+100、-50、0），點擊確定按鈕。

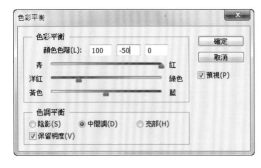

18 雙擊圖層略縮圖，在彈出的圖層樣式對話方塊中設定混合模式為色彩增值，不透明為 75%，角度為 -17，點選使用整體光源選項，間距為 5 像素，尺寸為 5 像素，點選圖層穿透陰影選項，點擊確定按鈕。

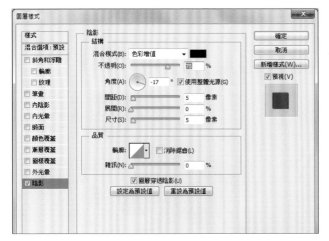

19 按 <Ctrl+T> 鍵調出任意變形控制框,將其縮小後放置位置如圖。

20 開啟隨書光碟中的 ch14\001.bmp 檔案。

21 用上述方法將其複製到 DM 型錄檔案內,放置位置如圖所示。

14-3 文字的製作

1 新建一個圖層,選取工具箱中的圓角矩
形工具 ■,在屬性列中設定圓角半徑為
10px,在新建的圖層中繪製如圖圓角矩
形。

2 執行視窗\路徑指令,在彈出的路徑面板中選取工作路徑,點擊載入路徑作為選取範圍
■ 按鈕,將路徑轉換為選區。

3 為其填充顏色為 R179、G0、B34。

4 雙擊其圖層縮圖,在彈出的圖層樣式對話方塊中點選斜角
和浮雕選項,設定深度為 200%,尺寸為 8,柔化為 7,
角度為 -17,點選使用整體光源選項,高度為 42,點擊確
定按鈕。

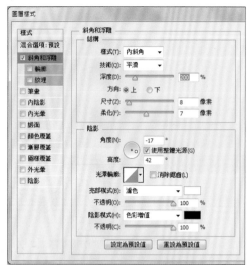

5　新建一個圖層，設定前景色為 R255、G241、B0，選取工具箱中的圓角矩形工具 ，在屬性列中點擊填滿像素 像素 按鈕，設定圓角半徑為 10px，在新建的圖層中繪製如圖圓角矩形。

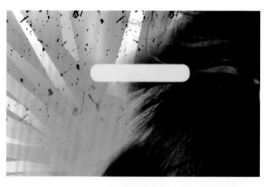

6　設定前景色為（#911f1f），在如圖位置再繪製一個圓角矩形。

7 選取工具箱中的水平文字工具 ，在字元面板中設定字體為 Arial、Black，字體大小為 8 點，顏色為黑色，在如圖位置輸入文字。

8 按 <Ctrl+E> 鍵，將文字層和圓角矩形圖層合併。

9 選取工具箱中的自訂形狀工具 ，在屬性列中點擊下拉選單 按鈕，彈出的形狀面板。點擊右上角的功能選單 按鈕，在彈出的下拉選單中選取音樂選項。

10 在形狀面板中選取太陽 1 樣式，在圖中繪製如圖圖案。

11 執行視窗\路徑指令，在彈出的路徑
面板中選取工作路徑，點擊載入路
徑作為選取範圍  按鈕，將路徑
轉換為選區。

12 在圖層面板中點擊建立新填色或調整圖層
 按鈕，在彈出的下拉選單中選取純色選
項。

13 在彈出的揀選純色對話方塊中設定顏色為白色，點擊確定按鈕。

14 按 <Ctrl＋T> 鍵調出任意變形控制框並將其縮小，放置位置如圖。

15 選取工具箱中的水平文字工具 ，輸入以下文字。（可直接插入隨書光碟中準備好的文案 .txt 檔案內容）

16 選取工具箱中的水平文字工具 ，在字元面板中設定字體為 Impact，字體大小為 35.18 點，輸入文字「NEW」。

17 雙擊圖層縮圖，在彈出的圖層樣式對話方塊中點選陰影選項，設定混合模式為色彩增
值，不透明為 61，角度為 -17，點選使用整體光源，間距為 7，展開為 9。

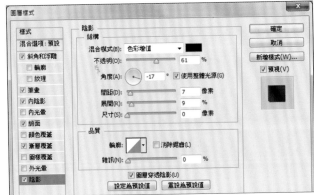

18 點選內陰影選項，設定顏色
為 R191、G157、B157，不
透明為 58，角度為 120，間
距為 2，填塞為 31，尺寸為
5。

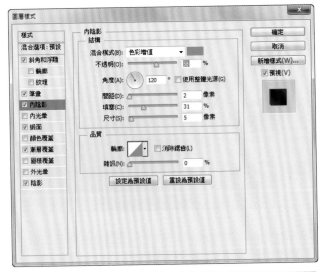

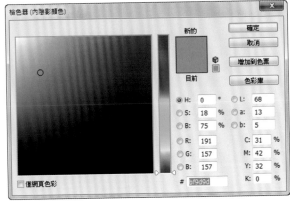

19 點選斜角和浮雕選項，設定深度為 200%，柔化為 9，角度為 -17，點選使用整體光源，高度為 42，光澤輪廓為凹槽－深，亮部模式為加深顏色，不透明為 66，陰影模式為色彩增值，不透明為 9。

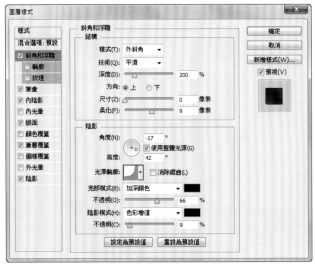
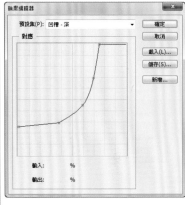

20 點選緞面選項，混合模式為色彩增值，顏色為白色，角度為 29，間距為 50，尺寸為 100，輪廓為高斯，點選消除鋸齒與負片效果選項。

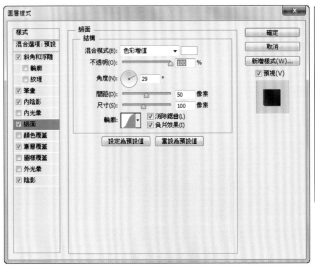
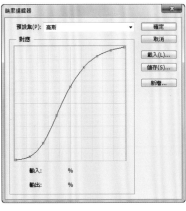

21 點選漸層覆蓋選項，混合模式為線性加深，漸層設定如圖，樣式為線性，點選對齊圖層選項，角度為 43，縮放為 134。

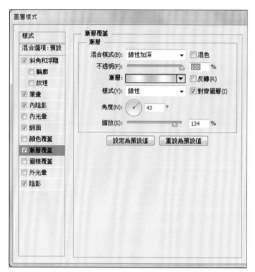
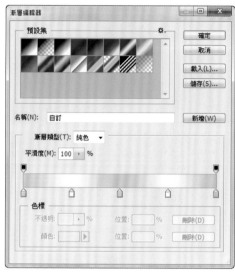

22 點選筆畫選項，設定尺寸為 2，不透明為 73，顏色為黑色，點擊確定按鈕。

23 使用上述做法製作如圖文字。

24 選取圖層 20 之後的全部圖層，點擊圖層面板中的連接圖層  按鈕。

25 按 <Ctrl+T> 鍵調出任意變形控制框，將文字旋轉至如圖效果。

15 海報設計

SUBLIME
EAU DE PARFUM

JEAN PATOU
France

Merry to realize

本章香水海報設計讓人物置身於浪漫的森林深處，陽光、火焰光將人物色調改變，再添加發紅光的花瓣筆刷，讓整個場景更加繽紛熱烈。

1 修補工具的使用

2 曲線調整圖層的使用

3 載入筆刷

4 定義筆刷的應用

5 執行濾鏡 \ 演算上色 \ 光源效果指令製作光源效果

 ch15\ >001.jpg、002.abr、002.jpg、003.jpg、002.png、005.psd、006.jpg、007.jpg、008.png、ch15.psd、FIRE、BRUSHES.abr、Room122-Wicked-Wings.abr

15-1 叢林圖像的合成

1 執行檔案 \ 開啟舊檔指令，開啟隨書光碟中的 ch15\001.jpg 檔案，按 <Ctrl+J> 鍵複製背景圖層。

2 選取修補工具 ，在屬性列中點擊新增選取範圍 ■ 按鈕，修補設定為正常，點選來源選項，在頁面中選取如圖範圍。

3 拖曳滑鼠向右邊移動，確定修補來源的圖像後，放開滑鼠左鍵，選區被來源圖像所替代。

TIPS ▶

修補工具：修改有明顯裂痕或污點等有缺陷或者需要更改的圖像。

選取狀態為目的地的時候，拉取需要修復的選區拖曳到附近完好的區域方可實現修補。選取狀態為來源的時候，拉取完好的區域覆蓋需要修補的區域。

修補工具可以用其他區域或圖案中的像素來修復選取的區域。像修復畫筆工具一樣，修補工具會將樣本的紋理、光照和陰影與源圖像進行匹配。

原圖

效果圖

原圖

效果圖

原圖

效果圖

☑ 執行檔案\開啟舊檔指令,開啟隨書光碟中的
ch15\002.jpg 檔案,將其拷貝到頁面中。

☑ 按 <Ctrl+T> 鍵調出任意變形控制框,選取中心控制點處向下拖曳滑鼠,變形圖像,讓
樹林變高大一些,按 <Enter> 鍵確認變形。

6 在圖層面板中點擊增加圖層遮色片  按鈕增加一個圖層遮色片。選取漸層工具 ，在屬性列中設定黑色到白色的漸層，點擊線性漸層  按鈕，不透明為 100%，在遮色片中從下至上拖曳滑鼠填充漸層色。

7 按 <Ctrl+J> 鍵複製樹林圖層。

8 執行濾鏡\模糊\高斯模糊指令，在彈出的面板中設定強度為 10，點擊確定按鈕。

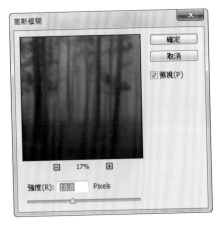

9 設定圖層混合模式為強烈光源，不透明度為 80%。

10 在圖層面板中點擊建立新填色或調整圖層 ◐. 按鈕，在彈出的功能選單中選取色相/飽和度選項，在色相/飽和度調整面板中設定主檔案的色相為 0，飽和度為 52，明亮為 -27。

11 再增加一個曲線調整圖層，設定輸入為137，輸出為 128。

12 選取筆刷工具 ，在屬性列中設定筆刷大小為柔邊圓形 600px，不透明為 100%，前景色為白色，在新增圖層中繪製出太陽光。

13 設定圖層混合模式為變亮，不透明度為 70%，讓太陽光再柔和一些。

15-2 人物的修飾

1 再為圖層增加一個相片濾鏡調整圖
層，點選顏色為橘黃色，濃度為
25%，圖像色調變得稍稍有點發黃。

2 選取魔術棒工具 ，在屬性列中點擊增加至選取範圍 按鈕，設定容許度為 20，在
頁面中選取背景圖像。

3 按 <Ctrl+Shift+I> 鍵反選選取範圍，按 <Ctrl+C> 鍵複製人物選區。

4 按 <Ctrl+V> 鍵拷貝人物到頁面中。

5 選取魔術棒工具 ，在屬性列中點擊增加至選取範圍 按鈕，設定容許度為 20，在頁面中選取人物腿部。

6 按 <Ctrl＋T> 鍵調出任意變形控制框，選取中心控制點處向下拖曳滑鼠，變形圖像。

7 在圖層面板中點擊建立新填色或調整圖層  按鈕，在彈出的選單中選取曲線選項，在曲線調整面板中設定藍版編輯點輸入為 137，輸出為 110；綠版編輯點輸入為 123，輸出為 135。

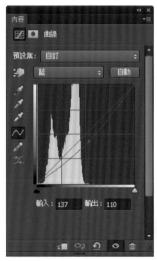

8 RGB 色版編輯點輸入為 107，輸出為 183，讓腿部顏色融於整個環境色調。

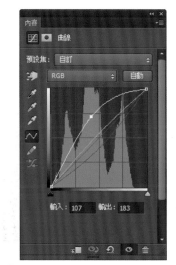 

9 按 <Ctrl> 鍵同時點擊圖層 4 縮覽圖，調出人物選區，在圖層面板中點擊建立新填色或調整圖層  按鈕，在彈出的選單中選取曲線選項。

10 在曲線調整面板中設定 RGB 色版編輯點輸入為 144，輸出為 117。

11 設定前景色為 R241、G201、B88，選取漸層工具 ，在屬性列中設定前景色到透明的漸層，點擊線性漸層 按鈕，不透明為 100%，新增一圖層，從右上角至左下角拖曳滑鼠填充漸層色。

12 在圖層面板中設定混合模式為覆蓋,不透明度為 90%。

13 再單獨給人物增加一個相片濾鏡,點選顏色選項,設定濃度為 47%,勾選保留明度選項。

14 設定前景色為 R213、G133、B64,選取筆刷工具 ,在屬性列中設定筆刷大小為柔邊圓形 113px,不透明為 59%,調出人物選區,新增圖層在選區範圍中繪製如圖筆觸。

15 在圖層面板中設定混合模式為加亮顏色。

16 設定前景色為黑色，選取筆刷工具 ，在屬性列中設定筆刷大小為硬邊圓形 1px，不透明為 100%，新增圖層繪製出睫毛。

17 按 <Ctrl+J> 鍵複製睫毛，再按 <Ctrl+T> 鍵調出任意變形控制框，點擊右鍵，在彈出的選單中選取水平翻轉選項。

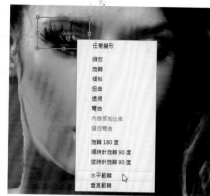

18 選取移動工具 移動水平翻轉的圖像，再按 <Enter> 鍵確認變形效果。

19 設定前景色為 R220、G93、B41，選取筆刷工具 ，在屬性列中設定筆刷大小為柔邊圓形 35px，不透明為 72%，在臉頰處繪製出腮紅。

20 在圖層面板中設定混合模式為變暗。

21 選取多邊形套索工具 ，在屬性列中點擊增加至選取範圍 按鈕，設定羽化為 2 像素，在頁面中選取嘴唇。

22 設定前景色為 R211、G55、B22，按 <Alt＋Delete> 鍵為嘴唇填充顏色。

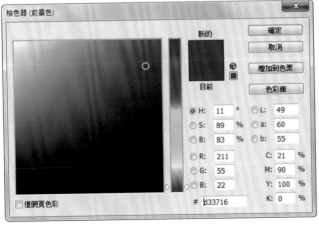

23 在圖層面板中設定混合
模式為線性加深。

24 同樣方法繪製出下睫毛。

15-3 載入筆刷的應用

1 同時人物臉部上妝的圖層並點擊
滑鼠右鍵，在彈出的快速選單中
選取從圖層建立群組選項，在彈
出的面板中設定名稱為群組1，
點擊確定按鈕，將選取圖層群組。

2 選取筆刷工具 ，在屬性列中點擊 ▾ 按鈕開啟筆刷預設揀選器，再點擊 ⚙ 按鈕，在彈出的功能選單中選取載入筆刷選項。

3 在彈出的載入面板中選取附贈光碟中的如圖筆刷，點擊載入按鈕載入，在筆刷預設揀選器中選取如圖筆刷。

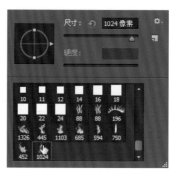

4 設定前景色為 R237、G180、B7，使用筆刷工具在頁面中繪製出火焰。

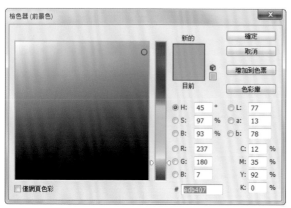

5 給火焰增加一個圖層樣式,在圖層樣式面板中勾選漸層覆蓋選項,設定混合模式為正常,不透明為 100%,漸層為紅色到黃色漸變,樣式為線性,角度為 90 度,點擊確定按鈕。

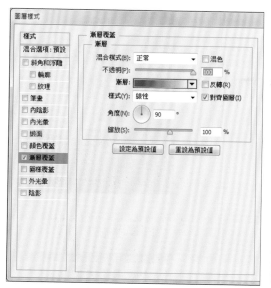

6 執行檔案\開啟舊檔指令,開啟隨書光碟中的 ch15\007.jpg 檔案,旋轉拷貝到頁面中,設定圖層混合模式為變亮。

7 用相同的方法添加其餘火焰和光束。

15-4 定義筆刷的應用

1 執行檔案＼開啟舊檔指令，開啟隨書光碟中的 ch15\005.psd 檔案。

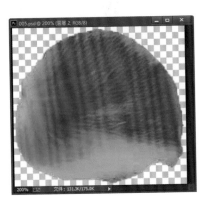

2 執行編輯＼定義筆刷預設集指令，在彈出的筆刷名稱面板中，設定名稱為 005.psd，點擊確定按鈕。

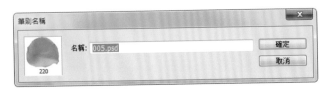

3 選取筆刷工具 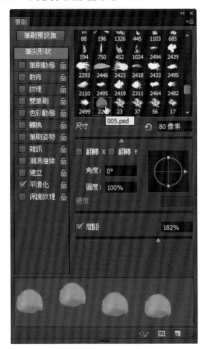，按 <F5> 鍵開啟筆刷面板，選取剛剛定義的新筆刷 005.psd，設定
尺寸為 80 像素，間距為 182%；勾選筆刷動態選項，大小快速變換為 64%，最小直徑
為 36%，角度快速變換為 45%。

4 勾選散佈選項，設定散佈為 412%，數量為 1。

5 設定前景色為 R211、G81、B41，使用筆刷工具在頁面中繪製花瓣。

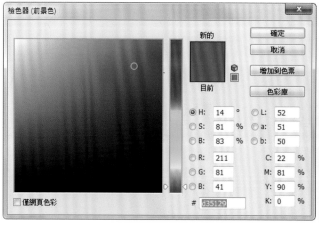

6 為花瓣圖層增加一個圖層樣式，在圖層樣式面板中勾選外光暈選項，設定混合模式為濾色，不透明為 71%，漸層為橘黃色到透明漸變，展開為 0%，尺寸為 5 像素，點擊確定按鈕。

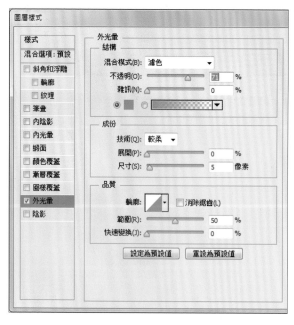

7 在圖層面板中設定混
合模式為加亮顏色。

8 執行圖層\新增\圖層指令,在彈出的面板中設定名稱為圖層 16,顏色為灰色,樣式為
覆蓋,勾選以覆蓋 - 中間調顏色填滿(50% 灰色)選項,點擊確定按鈕新增一個圖層。

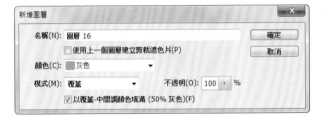

9 執行濾鏡\演算上色\光源效果指令,在彈出的面板
中設定顏色為白色,強度為 25,聚光為 44,上色為
白色,曝光度為 14,光澤為 26,金屬為 14,點擊確
定按鈕。

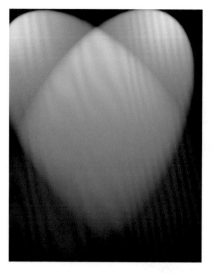

10 在圖層面板中設定不透明度為 70%。

11 最後添加上香水和文案。

包裝設計

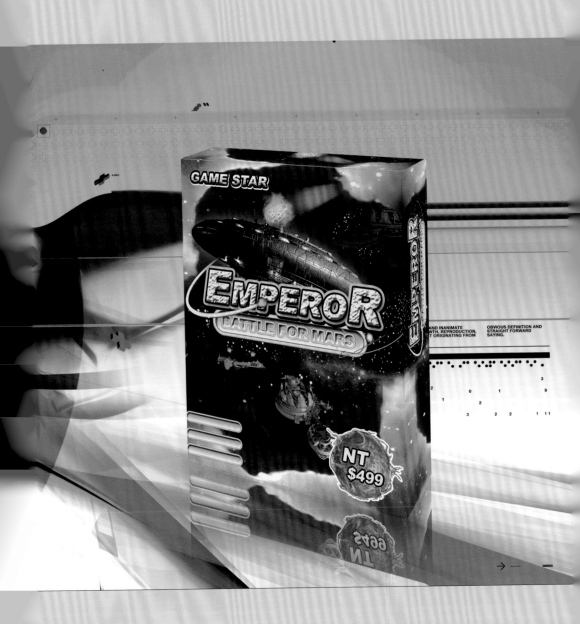

本章製作的是一款電玩遊戲包裝外盒。為了突顯出遊戲軟體富想像的科幻空間與激烈的戰鬥場面，其圖像視覺衝擊力需特別強烈。象徵未來世代的飛船、飛碟、迷幻的星空，圖像色彩鮮豔，充滿視覺動感。標題文字粗曠原始，將本款遊戲的味道充份表現出來，是一個不錯的包裝設計！

▼ 原 始 素 材

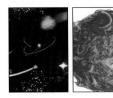

▼ 關 鍵 技 巧

1 使用筆刷工具讓圖像融合
2 執行影像\調整\去飽和度指令進行去色
3 執行影像\調整\亮度\對比指令進行調色
4 執行濾鏡\動態模糊指令處理圖像
5 利用圖層模式製作字體效果

 ch16\ 📁 >001.jpg、002.jpg、003.jpg、004.jpg、005.jpg、006.jpg、007.jpg、008.jpg、ch16.psd、ch16-2.psd

16-1 包裝的正面設計

在設計製作包裝的正面時，首先新建一個頁面，執
行檔案＼開新檔案指令，顯示新建對話方塊，在此
方塊中設定包裝的正面寬為 15 公分，高為 19 公
公，解析度為 100，色彩模式為 RGB，背景內容為
透明。

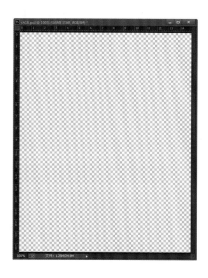

16-1-1 包裝正面背景圖像合成

1 將背景層命名為圖層 1 並填上黑色。

2 執行檔案＼開啟檔案指令，開啟隨書光碟中的 ch16\004.
jpg。

3 用移動工具 ⯈⊕ 將 004.jpg 圖像拖曳到頁面中，按下 <Ctrl+T> 鍵，待圖像周圍出現控制點後，拖動其控制點對圖像進行大小、縮放的調整。

4 將游標移動到圖像上，按下滑鼠右鍵，在顯示的快速選單中選擇垂直翻轉指令，對圖像進行垂直翻轉。

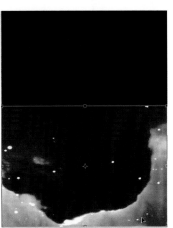

5 按下 <Enter> 鍵取消控制點。然後點選圖層面板左下角的增加遮色片按鈕 ⬛，為圖層 2 添加一個圖層遮色片。在工具箱中選擇漸層工具 ⬛，在屬性列中點選線型漸層，設定前影色為黑色，背景色為白色，移動滑鼠至頁面中，在頁面左上角點一下然後拉動漸變線條至右下角，到適當位置放開滑鼠即可。

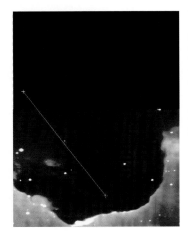

最後得到圖像效果如圖：

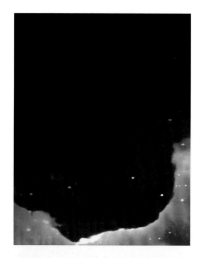

6　執行檔案\開啟檔案指令，開啟隨書光碟中的 ch16\001.jpg。

7　選擇移動工具 ⊕ 把 001.jpg 圖片拖動到頁面中，放置到如圖所示的位置，在圖層面板中命名為圖層 3。

8　拖動圖層面板中的圖層 3 至
　建立新增圖層按鈕上 ，
　得到圖層 3 拷貝。

9　按下 <Ctrl+T>
　鍵，圖層 3 拷
　貝四周出現控
　制點後，將游
　標放到其圖片
　上按一下右鍵，
　在快速選單中
　選水平翻轉指
　令，然後把翻
　轉後的圖片 3
　拷貝往左移動
　放到如圖所示
　的位置。

10　按下 <Enter> 鍵取消圖層 3 拷貝的變更。隱藏圖層面板中的圖層 1、圖層 2，點擊其面
　板右上角的小三角形按鈕 ，在其下拉選單中選擇合併可見圖層把圖層 3、圖層 3 拷
　貝合併起來，命名為圖層 3。

11 點選圖層面板右下角的增加圖層遮色片按鈕 ▣，為圖層 3 增加一個遮色片。

12 選擇筆刷工具 ✦，在屬性列中選擇筆刷類型為柔邊圓角噴槍，大小為 100，模式為正常，不透明為 40%，流量為 52%，移動滑鼠至頁面中圖層 3 下部邊緣塗抹，使其與圖層 2 相融洽。

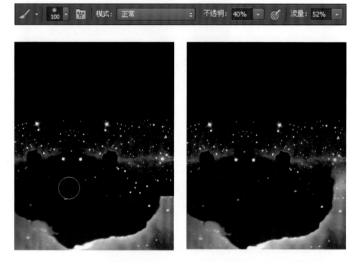

13 執行檔案＼開啟檔案指令，開啟隨書光碟中的 ch16＼002.jpg。

14 用移動工具  把 002.jpg 圖片移至頁面中，按下 <Ctrl+T> 對其進行大小的調整。

15 同前面方法一樣，為其增加一個圖層遮色片，然後選擇筆刷工具 ，保持筆刷的屬性值不變，在圖層 4 下方來回塗抹，使其邊緣與圖層 3 融為一體。

16 再次執行檔案\開啟檔案指令，開啟隨書光碟中的 ch16\004.jpg。

17 把此圖片移到頁面中，放到如圖所示的位置。

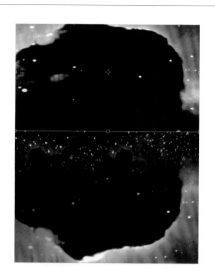

18 將游標放到此
圖片上並點擊
滑鼠右鍵，在
彈出的快速選
單中選擇水平
翻轉指令，圖
片效果如圖所
示：

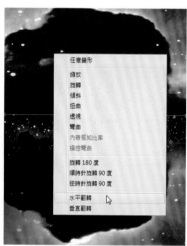 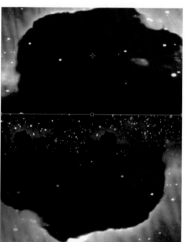

19 按下 <Enter> 鍵，取消變更。在圖層面板中為其添加一
個圖層遮色片  後選擇漸層工具 ，在屬性列中選擇
線型漸層，設定前景色為白色，背景色為黑色。

20 移動滑鼠至頁
面中，從頁面
左上方至右下
方拉出一條漸
變線條，放開
滑鼠得到如圖
所示的效果。

21 選取筆刷工具 ，對圖層 5 的邊緣進行刷淡的
處理。

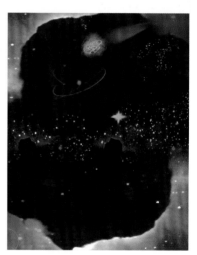

到此為止，底圖的處理就完成了！

16-1-2 圖像的置入與調色處理

1 執行檔案 \ 開啟檔案指令，開啟隨書光碟中的 ch16\007.jpg。

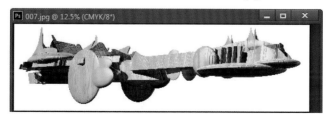

2 執行影像\調整\去除飽和度指令，對圖片 007 進行去色。

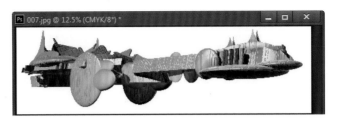

3 接著，我們執行影像\調整\色彩平衡
指令，在色彩平衡對話方塊中設定顏
色色階為 -64、-27、+25，勾選陰影，
得到圖片效果如圖：

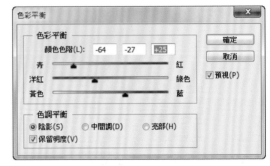

4 在工具箱中選擇魔術棒 工具在圖片 007 的空白處點擊，圖片空白處被選取。

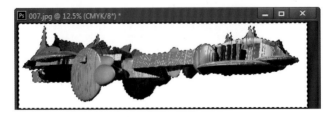

5 執行選取\反轉指令，則圖像被選取。

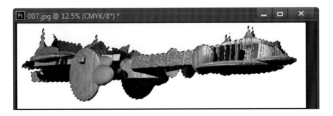

6 執行濾境 \ 模糊 \ 動能模糊指令，設定動能模糊對話方塊如圖。

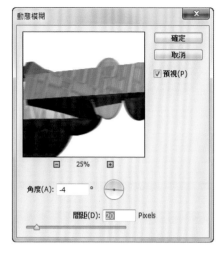

7 接著我們繼續執行影像 \ 調整 \ 亮度 \ 對比指令，在顯示的亮度 \ 對比對話方塊中，設定其亮度為 -24，對比度為 +1。

8 使用移動工具 ![移動工具] 拖動選區至頁面中，調整圖像大小，把圖像到如圖所示的位置，在圖層面板中為其命名為圖層 6。

9 執行檔案 \ 開啟檔案指令，開啟隨書光碟中的 ch16\ 006.jpg。

10 用魔術棒工具 點選頁面空白處，頁面空白處被選取，執行選取 \ 反轉指令，完成對頁面中圖像飛船的選取。

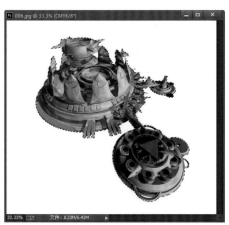

11 保持飛船的選區不變，執行影像 \ 調整 \ 亮度對比指令，在顯示的亮度 \ 對比對話方塊中，設定其亮度為 -12，對比為 -26，點擊確定按鈕完成設定。

12 接著執行影像 \ 調整 \ 色彩平衡指令，在顯示的色彩平衡對話方塊中，設定顏色的色階為 -1、+38、+95，點選陰影。

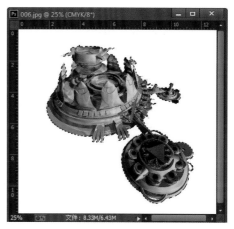

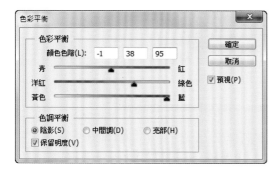

13 再次執行濾境 \ 動能模糊指令，顯示動能模糊對話方塊，設定動能模糊的百分比 13%，角度為 -4，間距為 5 像素，對選區中的飛船進行模糊處理。

14 調整完成後，選擇移動工具把飛船拖到頁面中，調整其大小，並擺放在適當位置。

15 執行檔案\開啟檔案指令，開啟隨書光碟中的 ch16\008.jpg。

16 用魔術棒工具 ，點選圖像空白處，然後執行選取\反轉，選取圖像中的飛船。

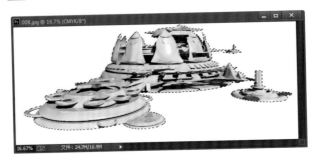

17 新增圖層 1，設定前景色為 C69、M58、Y80、K75，按下 <Alt＋Backspace> 鍵為其選區上色。

18 在圖層面板混合模式的下拉選單中，設定圖層 1 的混合模式為色彩增值，則圖像如圖所示：

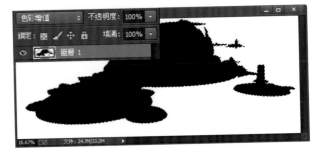

19 再執行影像 \ 調整 \ 色相 \ 飽和度
指令，在顯示的色相 \ 飽和度對
話方塊中，設定色相為 +90，飽
合度為 -100，明亮為 +34。

20 點擊圖層面板右上角的小三角形按鈕 ，在下拉選單中選擇合併可見圖層指令，對圖
層進行合併。

21 移動選區至頁面中，將其放到頁面的右上方。

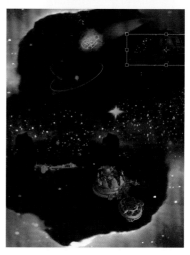

22 執行檔案 \ 開啟檔案指令，開啟隨書
光碟中的 ch16\005.jpg。

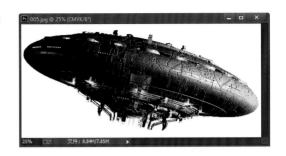

23 選擇索套工具  在飛碟的左面框選一個選區，然後執行選取 \ 羽化指令，在顯示的羽
化選取範圍對話方塊中設定羽化強度為 50 像素。點擊確定按鈕，完成羽化的設定。

TIPS ▶
設定羽化的目的是為了在下面給該選區上色時，色彩更柔和，選區內與選區外的色彩差值不至於很明
顯！

---

24 接著執行影像 \ 調整 \ 色彩平衡指令，在顯示的色彩平衡對話方塊中設定選區的顏色色
階為 +60、-63、0。

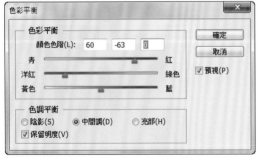

25 用同樣的方法，用索套工具  框選出飛碟的左下部分，對其進行 50 像素的羽化，在色彩平衡對話方塊中，勾選亮度、保持明度設定選區的顏色色階為 +4、-91、-2。

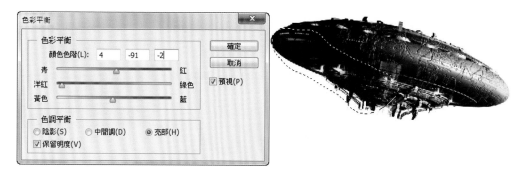

26 再次用索套工具 框選出飛碟的右半部分，對其進行 80 像素的羽化，然後執行影像 \ 調整 \ 色相 \ 飽和度指令，在顯示的色相 \ 飽和度對話方塊中，選擇主檔案，設定色相為 +141，飽和度為 -70，亮度為 -1。

27 按下 <Ctrl+D> 鍵取消選區，在工具箱中選擇魔術棒工具 在圖像空白處點擊，選取空白部分，然後執行選取 \ 反轉指令，選取飛碟影像。

28 選取移動工具  拖動飛碟至頁面中調整其大小,並放置到如圖所示的位置,在圖層面板中其圖層命名為圖層 9。

29 雙擊圖層 9 顯示圖層樣式對話方塊,首先勾選陰影,點選陰影進入陰影屬性面板,設定陰影的混合模式為色彩增值,不透明為 75%,其餘設定如圖所示:

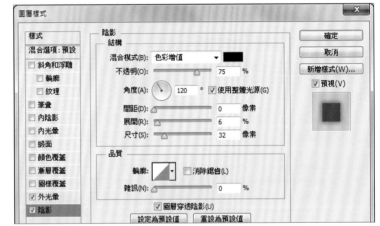

30 點選外光暈,進入外光暈屬性面板,在此面板中設定外光暈的混合模式為濾色,不透明為 26%,其餘設定如圖所示:

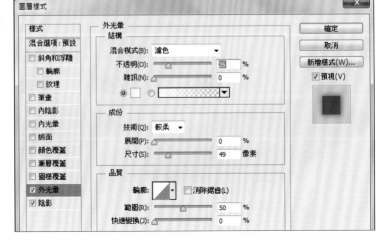

31 點擊確定按鈕，完成
飛碟的圖層樣式的設
定。

到此為止，對圖像的調整處理也就完成了。

16-1-3 文字的編輯與處理

1 執行檔案 \ 開啟檔案指令，開啟隨書光碟中的
ch16\003.jpg。

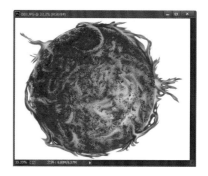

2 同前面所講過的方法
一樣，透過使用魔術
棒工具 和移動
工具 將其移動到
頁面右下角，在圖層
面板中並命名為圖層
10。

3 雙擊圖層 10 在顯示的圖層樣式對話方塊中勾選筆劃，進入筆劃屬性畫板，設定尺寸為 3 像素，位置為外部，顏色為白色。

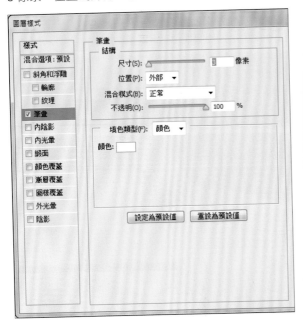

4 在工具箱中選擇水平文字工具 ，在圖像上輸入文字 NT$499，執行視窗 \ 字元指令，顯示字元浮動面板，對 NT 和 $499 分別屬性設定如圖：

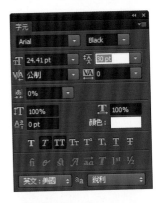

5 文字屬性設定好後，則文字效果如圖所示：

6 雙擊文字圖層，在圖層樣式面板中，勾選筆畫，設定文字外框尺寸為 3 像素，顏色為黑色。

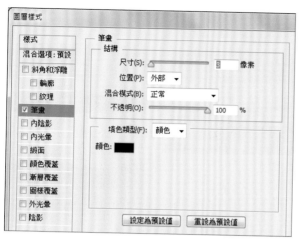

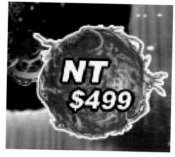

7 在圖層面板中，按住 <Ctrl> 鍵，點選圖層 10，此時圖層 10 出現一個選區。

8 點選建立新增圖層按鈕 ，新增圖層 11，拖動圖層 11 至文字圖層 NT$499 之上，設定前景色為 C6、M10、Y59、K0，按下 <Alt+backspace> 鍵，為圖層 11 填上顏色。

9 為圖層 11 設定圖層的混合模式為色彩增值，則得到最後效果。

10 選擇圓角矩形工具 ，屬性列中設定其轉折強度為 25 像素，在頁面中心繪製出一個圓角矩形。

11 在路徑面板中按住 <Ctrl> 鍵，點選其工作路徑，把頁面中的圓角矩形轉化成選區。

12 雙擊圖層 12 在顯示
的圖層樣式浮動面板
中，勾選斜角和浮
雕，進入斜角與浮雕
屬性面板，設定其樣
式為內斜面，深度為
100%，尺寸為 7 像
素，其餘設定如圖所
示：

13 雙擊圖層 12 在顯
示的圖層樣式浮
動面板中，勾選
斜角和浮雕，進
入斜角與浮雕屬
性面板，設定其
樣式為內斜面，
深度為 100%，尺
寸為 7 像素，其
餘設定如圖所示：

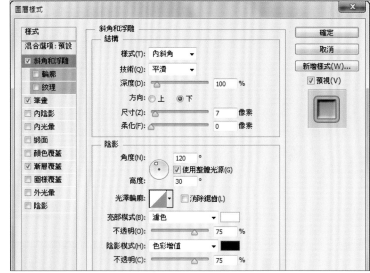

14 點選漸層覆蓋進入
漸層覆蓋屬性面
板，設定其混合模
式為正常，樣式為
線性，其餘參數設
定如圖：

15 點選筆畫進入筆畫
屬性面板，在此屬
性面板中設定筆畫
屬性為 10 像素，位
置為外部，樣式為
形狀缺口，其餘參
數設定如圖所示：

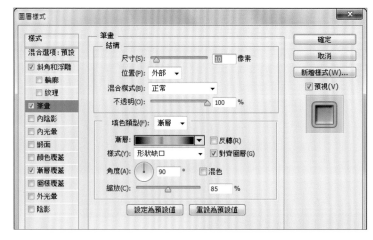

16 點擊確定按鈕，完成其圖層樣式設定，最後得到樣
式如圖所示：

17 在工具箱中選取水
平文字工具 **T**，輸
入文字 BATTLE FOR
MARS，在字元面
板中設定文字字體
大小為 24.41 點，
文字顏色為 C6、
M10、Y59、K0。

18 雙擊 BATTLE FOR MARS 文字圖層，在顯示的圖層樣式對話方塊中，勾選斜角和浮雕，進入其屬性面板，設定其樣式為內斜角，技術為平滑，方向為下，其餘屬性設定如圖所示：

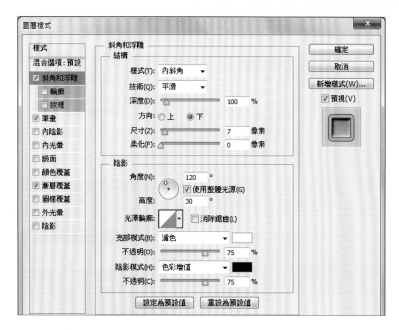

19 點選漸層覆蓋，進入漸層覆蓋屬性面板，對其屬性設定如圖：

20 點選筆畫，進入筆畫屬性面板，對其屬性設定如圖：

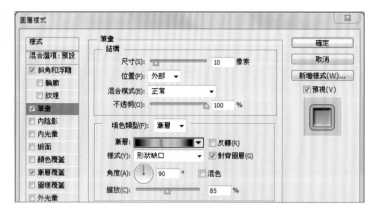

21 對各項圖層樣式設定完成後，點擊確定按鈕，完成對文字 BATTLE FOR MARS 的設定。

22 執行檔案\開啟檔案指令，開啟隨書光碟中的 ch16\002.jpg，用矩形選取畫面工具對圖中的光線圖進行框選。

23 執行檔案\開新檔案指令，在顯示的新增對話方塊中建立一個新頁面，設定其寬為 10 公分，高為 10 公分，背景內容為透明。

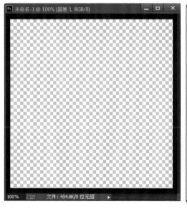

24 用移動工具 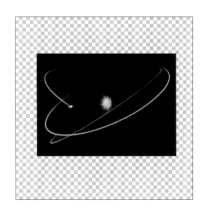 選取 035jpg 圖像中的選區部分拖動到新頁面中，調整其大小，並放到頁面中央。

25 在工具箱中選擇魔術棒工具 ，按住 <Shift> 鍵，在圖層上的黑色部分點擊，直到所有黑色部分都被選取為止，然後按下 <Delete> 鍵將黑色選區刪除掉，剩下彩色部分。

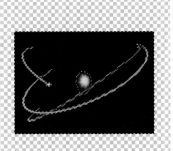
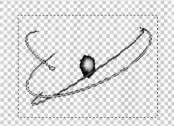

26 用移動工具 拖動並拖動至遊戲軟體包裝頁面中，調整好大小，將其放到文字框的右邊，在圖層面板中，為圖層命名為圖層 13。

27 選擇水平文字工具 **T**，輸入文字 EMPEROR，選取第一個字母和最後一個字母，在字元面板中設定其文字大小為 77.16 點，字型為 Arial、Black，顏色為 C6、M10、Y59、K0，選取中間 5 個字母，在字元面板中設定其文字大小為 56.09 點。

28 設定完成後，文字效果如圖：

29 雙擊文字圖層 EMPEROR，在顯示的圖層樣式對話方塊中首先勾選陰影，設定其混合模式為正常，角度為 120，其餘設定如圖：

30 點選筆畫選項，在筆畫屬性面板中設定其筆畫尺寸為 10 像素，顏色為 C21、M30、Y100、K0，其餘設定如圖所示：

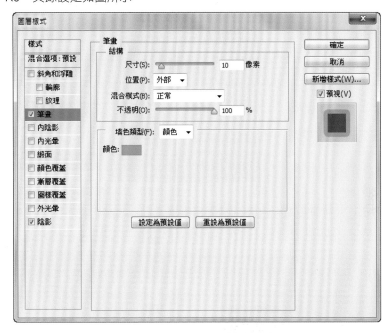

31 設定完成後，點擊確定按鈕，關閉圖層樣式對話方塊，得到文字效果如圖：

32 拖動文字圖層 EMPEROR 至建立新增圖層按鈕上 ，得到 EMPEROR 拷貝。

33 將游標放到 EMPEROR 拷貝圖層下的效果上，點擊滑鼠右鍵，在彈出的快速選單中選擇清除圖層樣式選項，對 EMPEROR 拷貝圖層進行樣式的清除。

34 雙擊 EMPEROR 拷貝圖層，在顯示的圖層樣式浮動面板中，重新來設定其樣式。首先勾選陰影選項，在陰影屬性面板中設定其混合模式為色彩增值，不透明為 75%。

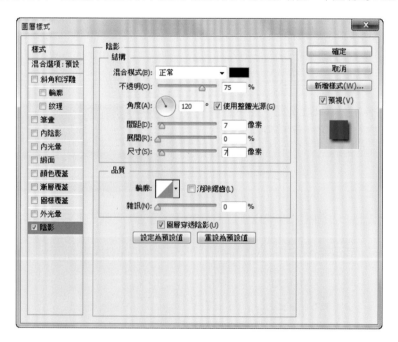

35 再次勾選斜角和浮雕，對其屬性設定如圖：

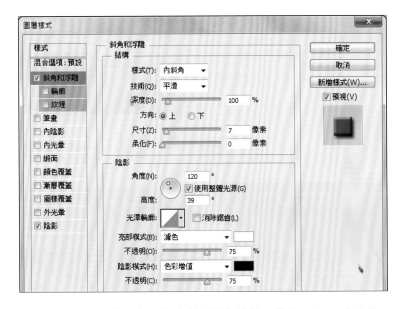

36 點選紋理選項進入紋理屬性面板。設定其圖樣為皺紋，縮放 139%，深度為 +100%。

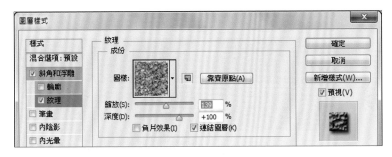

37 最後點選筆畫選項進入筆畫屬性面板，設定尺寸大小為 4 像素，混合模式正常，顏色為黑色。

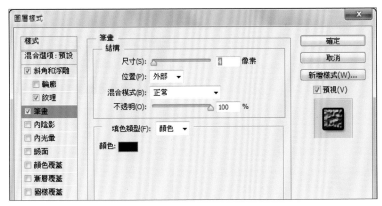

38 對以上屬性設定完成後，得到文字 EMPEROR 拷貝的圖層效果如圖：

39 調出 035.jpg 圖像，在工具箱中選擇筆型工具 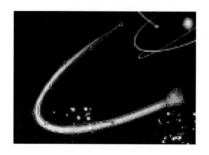 對裡面的大流星進行路徑勾畫。按住 <Ctrl> 鍵，對路徑進行調整。

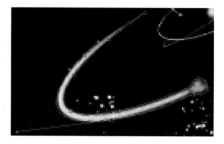

40 在其路徑面板中按住 <Ctrl> 鍵，點擊其工作路徑並轉化成選區。

 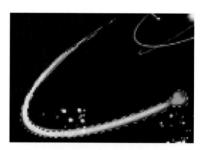

41 使用移動工具  拖動大流星選區至遊戲軟體包裝頁面中調整好大小，並放到文字的左邊，如圖所示：

42 在圖層面板中點選圖層 12，並拖動到建立新增圖層按鈕上 ，拷貝出圖層 12 拷貝圖層，然後拖動圖層 12 拷貝圖層至圖層面板的最上邊。

43 在頁面中把圖層 12 拷貝圖層適當縮小，用移動工作 並移至頁面左下角。

44 雙擊圖層 12 拷貝圖層中筆畫樣式，在顯示的筆畫屬性面板中將尺寸從 10 像素改為 4 像素。

45 最後得到圖層 12 拷貝樣式效果如圖：

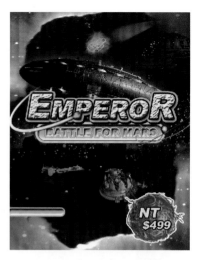

46 拖動圖層 12 拷貝至建立新增圖層按鈕上 ，拷貝出圖層 12 拷貝 2 圖層 12 拷貝 3 圖層，在頁面中把拷貝後的圖層依序選取排列如圖：

47 選取水平文字工具 ，在頁面左上角插入游標，輸入文字 GAME STAR，在字元面板中設定文字大小為 24.1 點，顏色為白色。

48 雙擊圖層面板中的 GAME STAR 圖層，在顯示的圖層樣式對話方塊中對其圖層樣式設定
如下：勾選陰影選項並進入陰影屬性面板，設定如圖：

49 勾選斜角和浮雕選項並進入斜角和浮雕屬性面板，設定如圖：

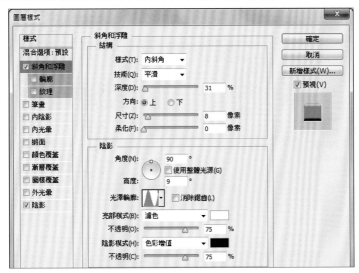

50 勾選漸層覆蓋選項並
進入漸層覆蓋屬性面
板，設定如圖：

51 勾選圖樣覆蓋選項並進入圖樣覆蓋屬性面板，設定如圖：

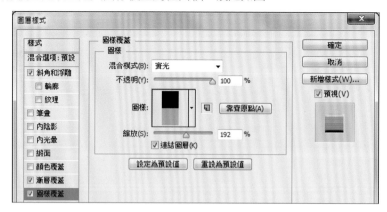

52 勾選筆畫選項並進入筆畫屬性面板，設定如圖：

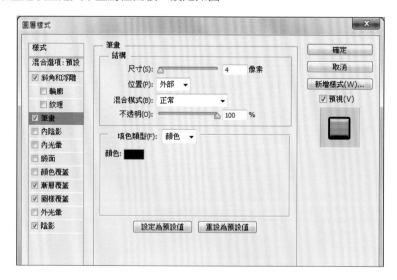

53 最後得到文字效果如圖所示：

54 到此為止，此遊戲軟體包裝的正面也就設計完畢，效果如圖所示：

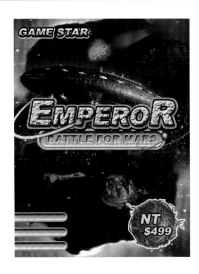

16-2 包裝其他面的製作

1 將游標放到製作完成的遊戲軟體包裝標題上並點擊一下滑鼠右鍵，在其快速選單中選擇版面尺寸選項，此時顯示版面尺寸對話方塊，在錨點的窗框上點選最中間一個方塊，設定如下：

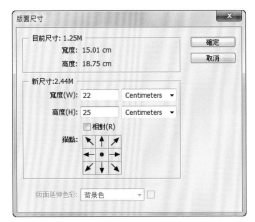

2 點擊確定按鈕，完成向頁面周圍擴展的設定。

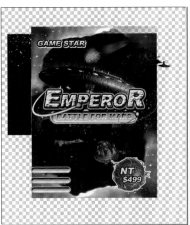

3 在頁面四周，拉出四條輔助線固定好設定的包裝正面，超出正面的圖片，在圖層面板中選取該圖層，然後用矩形選取畫面工具 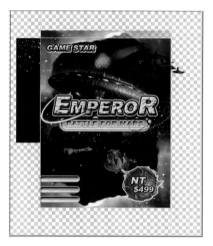 在頁面進行框選，然後按下 <Delete> 鍵將其刪除。

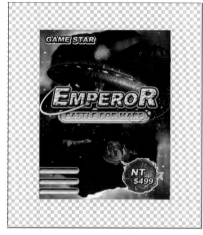

4 在圖層面板中點選其圖層左邊的小眼睛按鈕，隱藏除圖層 1、2、3、4、5 圖層以外的其餘圖層。

5 點擊圖層面板中右上角的小三角形按鈕 ，在顯示的下拉選單中，選擇合併可見圖層選項，把圖層 1、2、3、4、5 進行合併，命名為背景圖像。

6 保持背景圖像的選取不變，用矩形選取畫面工具 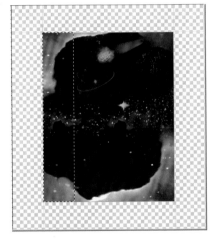 框選出同側面等大的矩形選區。同時，在圖層面板中點選建立新增圖層按鈕 ，新建一個圖層，在這裡新建的圖層為圖層 15。

7 選取背景圖像按下 <Ctrl+C> 鍵，對選區中的圖像進行複製，接著選取新增的圖層 15，按下 <Ctrl+V> 鍵進行貼上，然後用移動工具 移動複製的圖像並到左側面上。

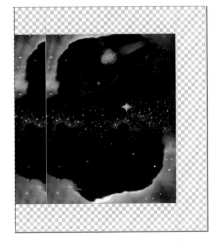

8　按下 <Ctrl+T> 鍵，圖層 15 周圍出現 8 個控制點，移動滑鼠至該圖層上，按一下右鍵，在顯示的快速選單中選擇水平翻轉指令，則圖層 15 便發生了水平翻轉變化，按下 <Enter> 鍵取消變更。

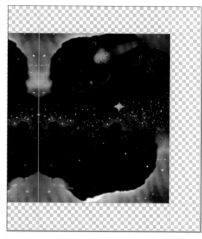

9　用同樣的方法，可以用矩形選取畫面工具 ⬚ 框選右側面等大的圖形選區，並製作成包裝右側面。

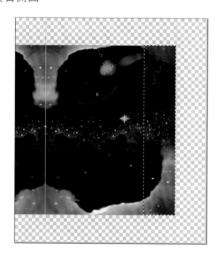
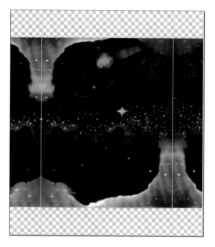

10　以此類推，可以完成包裝底面，頂面的製作，當然在對底面和頂面圖片的翻轉時要選擇垂直翻轉。

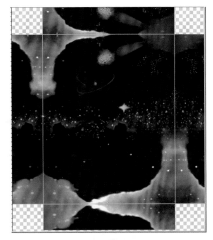

11 現在我們把隱藏的圖層顯現出來看看效果。

12 在圖層面板中隱藏 除了標題以外的其 他圖層。

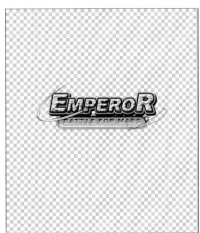

13 同前面方法一樣，對標誌圖層進行合併，把合併的圖層命名為標題。

14 拖動標題圖層至建立新增圖層按鈕上，拷貝出標題拷貝圖層，按下 <Ctrl+T> 對此圖層進行縮小。

15 在屬性列上設定標題拷貝的旋轉角度為 90 度，對此圖層進行旋轉，用移動工具 ▶️ 把調整好的圖層放到包裝的左側面。

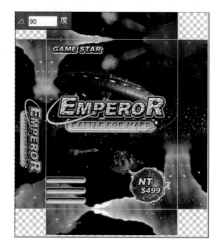

16 複製出標題拷貝 2 圖層，調整大小後移動至包裝右側面，並放到適當位置。

到此為止，包裝正側面、底面、底面皆已製作完畢，由於包裝背面與正面相同，這裡就不再多作介紹了，留給各位讀者自行練習。

Photoshop 設計不設限

作　　　者：蔡俊傑
企劃編輯：王建賀
文字編輯：江雅鈴
設計裝幀：張寶莉
發 行 人：廖文良

發 行 所：碁峰資訊股份有限公司
地　　　址：台北市南港區三重路 66 號 7 樓之 6
電　　　話：(02)2788-2408
傳　　　真：(02)8192-4433
網　　　站：www.gotop.com.tw
書　　　號：AEU014700
版　　　次：2015 年 02 月初版
建議售價：NT$450

國家圖書館出版品預行編目資料

Photoshop 設計不設限 / 蔡俊傑著. -- 初版. -- 臺北市：碁峰資訊，
　2015.02
　　面；　　公分
　ISBN 978-986-276-160-1 (平裝)
　1.數位影像處理
952.6　　　　　　　　　　　　　　　　　　103024480

讀者服務

● 感謝您購買碁峰圖書，如果您對本書的內容或表達上有不清楚的地方或其他建議，請至碁峰網站：「聯絡我們」\「圖書問題」留下您所購買之書籍及問題。(請註明購買書籍之書號及書名，以及問題頁數，以便能儘快為您處理)
http://www.gotop.com.tw

● 售後服務僅限書籍本身內容，若是軟、硬體問題，請您直接與軟體廠商聯絡。

● 若於購買書籍後發現有破損、缺頁、裝訂錯誤之問題，請直接將書寄回更換，並註明您的姓名、連絡電話及地址，將有專人與您連絡補寄商品。

● 歡迎至碁峰購物網
http://shopping.gotop.com.tw
選購所需產品。